高职高专"十三五"规划教材

采矿 CAD 制图

主　编　陈国山　郭　力　秦一专
副主编　赵　静　包丽明　吕国成
　　　　季德静　杨　林

北　京

冶金工业出版社

2025

内 容 提 要

本书以中文版 AutoCAD 作为编写平台,将 AutoCAD 与采矿专业(兼顾煤及非煤)相结合,详细介绍了 AutoCAD 在采矿图纸绘制中的应用。全书共分 12 章,内容主要包括采矿图基础知识、计算机绘图基础、图形编辑、常用图形绘制、绘图进阶、图层编辑、尺寸标注、文字填充、采矿图常见图形的绘制、井巷断面图的绘制、中段平面图的绘制、三维采矿图绘制与编辑、出图打印等内容,实现了教、学、做一体化,体现了职业教育的特点,具有较高的实用价值。

本书是采矿专业及其相关专业的通用教材(配有教学课件),同时可作为采矿工程类技工学校、采矿类干部培训的教材,也可供采矿现场技术人员学习参考。

图书在版编目(CIP)数据

采矿 CAD 制图/陈国山,郭力,秦一专主编. —北京:冶金工业出版社,2018.1 (2025.1 重印)
高职高专"十三五"规划教材
ISBN 978-7-5024-7706-6

Ⅰ.①采… Ⅱ.①陈… ②郭… ③秦… Ⅲ.①矿山开采—计算机辅助设计—AutoCAD 软件—高等职业教育—教材 Ⅳ.①TD802-39

中国版本图书馆 CIP 数据核字(2018)第 012900 号

采矿 CAD 制图

出版发行	冶金工业出版社	电　话	(010)64027926	
地　址	北京市东城区嵩祝院北巷 39 号	邮　编	100009	
网　址	www.mip1953.com	电子信箱	service@ mip1953.com	

责任编辑　俞跃春　杜婷婷　美术编辑　彭子赫　版式设计　禹　蕊
责任校对　石　静　责任印制　窦　唯
三河市双峰印刷装订有限公司印刷
2018 年 1 月第 1 版,2025 年 1 月第 6 次印刷
787mm×1092mm　1/16;13 印张;314 千字;197 页
定价 38.00 元

投稿电话　(010)64027932　投稿信箱　tougao@cnmip.com.cn
营销中心电话　(010)64044283
冶金工业出版社天猫旗舰店　yjgycbs.tmall.com
(本书如有印装质量问题,本社营销中心负责退换)

前 言

AutoCAD 2006 是美国 Autodesk 公司推出的计算机辅助设计和绘图软件，具有功能强大、操作方便、体系结构开放、易于二次开发等优点，在采矿、建筑、机械等领域中得到非常广泛的应用。

本书作者长期从事 AutoCAD 的应用及教学工作，始终跟踪 AutoCAD 的发展，为满足采矿工程专业学生及采矿工程技术人员的计算机绘图需要，特编写了本书。本书在结构体系上做了精心安排，实例的选取紧扣采矿工程专业，力求将 AutoCAD 的功能与专业需要有机结合，以达到事半功倍之效。本书特点是采用 AutoCAD 基础知识与采矿实例相结合的模式，从零开始，循序渐进、逐步深入，融 AutoCAD 的基础命令于具体的采矿实例中。

本书共分 12 章，第 1 章为采矿图基础知识，包括矿图的分类、内容、应用；第 2 章为计算机绘图基础，包括 CAD 基本操作和采矿图绘制常识；第 3 章为图形编辑，包括文件操作、图形选择、编辑命令；第 4 章为常用图形绘制，包括三心拱断面绘制及多段线的绘制；第 5 章为绘图进阶，包括绘图比例、线型设定、添加颜色、填充；第 6 章为图层，包括图层概念及图层操作；第 7 章为尺寸及文字标注，包括尺寸标注和文字填充；第 8 章为应用举例；第 9 章为井巷断面图的绘制，包括巷道、车场绘制的步骤和相关知识；第 10 章为平面图的绘制，包括井田、采区、工作面图纸的绘制及相关知识；第 11 章为三维采矿实例绘制与编辑，包括采矿构件的三维绘制等；第 12 章为出图打印。

本书由陈国山、郭力、秦一专担任主编，赵静、包丽明、吕国成、季德静、杨林担任副主编，毕俊召、刘洪学、白洁、陈西林参编。具体编写分工如下：秦一专和吉林电子信息职业技术学院陈国山、白洁、毕俊召、季德静、包丽明、吕国成、杨林、刘洪学、陈西林共同编写第 2 ~ 第 8 章；辽源职业技术学院郭力编写第 1 章、第 9 章、第 10.1、10.2 节；辽源职业技术学院赵静编写第 10.3、10.4 节、第 11、12 章；全书由陈国山统稿。

在本书的编写过程中参考了有关文献及网络资料，在此对资料的编著者表示诚挚的谢意！

本书配套教学课件读者可在冶金工业出版社官网（www. cnmip. com. cn）搜索资源获得。

由于编者水平有限，书中不妥之处，敬请广大读者批评指正，以便今后修订完善。

编 者

2017 年 10 月

目　录

1 采矿图基础知识

1.1 矿图的概念与分类

1.1.1 矿图的概念

为了满足矿井的设计、施工和生产管理等工作的需要而绘制的一系列图纸，统称为矿图。矿图是进行矿井设计、科学管理和指挥生产、合理安排生产计划、预防和治理灾害等必备的基础资料。

与其他图纸相比较，矿图具有以下几个特点：

(1) 矿图的内容要随着采矿工程的深入而逐渐增加、补充、修改。

(2) 矿图的测绘区域随矿层分布和掘进巷道部署情况而定，常常是分水平测绘。

(3) 矿图所反映的是井下巷道复杂的空间关系，以及矿体和围岩的产状与各种地质破坏，测绘内容多，读图较困难。

(4) 采用实测与编绘的方法，以实测资料为基础，再辅以地质、水文、采掘等方面的技术资料绘制而成。

1.1.2 矿图的分类

生产矿井必备的基本矿图可分为地质测量图、设计工程图和生产管理图三大类。

(1) 地质测量图。地质测量图可分为矿井测量图和矿井地质图两类。

矿井测量图是根据地面和井下实际情况测绘而成的图纸，矿井测量图主要反映矿井地面的地物、地貌情况，井下巷道和硐室的空间位置，矿层产状和地质构造，井下采掘情况以及井上下相互位置关系等情况。由于矿井采掘情况不断变化，因而矿井测量图是随着矿井的开拓、掘进和回采等工作的进行，逐步进行测量并填绘的。煤矿必备的矿井测量图有井田区域地形图、工业广场平面图、采掘工程平面图、水平主要巷道平面图、井底车场平面图、采掘工程立面图（急倾斜煤层）、井筒断面图、井上下对照图、主要保护煤柱图等。

矿井地质图是反映矿井矿层产状、地质构造、地形地质、水文地质、矿产质量分布等情况的图纸。矿井地质图一般是在矿井测量图的基础上，利用收集的地质资料和勘探资料，经过分析、推断绘制而成的。在建井前，依据地质资料和勘探资料，对矿层产状、大的地质构造和矿产质量等情况已经基本了解，并绘制了多种地质图。在矿井建设和生产过程中，对矿层产状、地质构造和矿产质量等情况又会有新的发现，此时应对先前绘制的地质图进行补充和修改，使矿井地质图的精度不断提高，为矿井设计、施工和生产提供可靠的依据。煤矿常用的矿井地质图有煤层底板等高线图、井田地形地质图、各种地质剖图、各种柱状图、水文地质图等。

矿井地质图和矿井测量图有着密切的联系，如果没有矿井测量图，矿井地质图就难于绘制；反之，矿井测量图如果不填绘可靠的地质资料，也就说明不了矿层埋藏的真实状况，将大大降低矿井测量图的使用价值。

（2）设计工程图。设计工程图是设计部门为矿井建设而设计、绘制的一系列图纸。煤矿设计包括矿井新井建设设计、矿井水平延深设计、矿井改扩建设计、采区设计和单项工程设计。每种类型的设计都必须按其不同阶段的要求绘制一系列图纸用以说明设计方案和设计内容。

（3）生产管理图。生产管理图是在矿井生产管理过程中绘制的用于指导日常生产工作的主要图纸。如采掘工程平面图，采掘计划图和各类安全、生产系统图。

生产管理图与地质测量图有着密切的联系，也有相互交叉的部分，许多生产管理图是在矿井测量图的基础上绘制的，如各类安全、生产系统图一般是以采掘工程平面图为基础绘制而成的。

1.1.3　矿图的用途

矿图是煤矿企业重要的技术资料，在矿井生产管理过程中，正确地进行矿井设计，科学地管理和指挥生产，合理地安排生产计划，及时地制定灾害预防措施和处理方案等工作，都需要借助于矿图。矿图是矿井建设和生产的主要技术依据，是工程技术人员、管理人员相互交流的工程技术工具。

1.2　点的坐标与高程

地面点的位置通常用坐标和高程表示：坐标指该点在大地水准面或参考椭球面上的位置或投影到水平面上的位置；高程指该点到大地水准面的铅垂距离。

1.2.1　地理坐标

用经纬度表示地面点位置的球面坐标称为地理坐标。在测量工作中，通常是以参考椭球面及其法线为依据建立坐标系统，称为大地坐标系，参考椭球面上点的大地坐标用大地经度（L）和大地纬度（B）表示，它是用大地测量方法测出地面点的有关数据推算求得。地形图上的经纬度一般都是用大地坐标表示的。

参考椭球如图 1-1 所示：NS 为椭球自转的旋转轴，并通过椭球中心 O，也称为地轴，N 表示北极，S 表示南极。通过地面点 P 和地轴的平面称为过 P 点的子午面，子午面与椭球面的交线称为子午圈，也称为子午线（或经线）。国际上公认：通过英国格林尼治天文台的子午面称为首子午面或起始子午面，首子午面与参考椭球面的交线称为首子午线或起始子午线，也称起始经线。首子午面将地

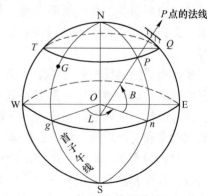

图 1-1　地理坐标

球分为东西两个半球。垂直于地轴的任一平面与参考椭球面的交线称为纬线或纬圈，各纬圈相互平行也称为平行圈。我们把通过参考椭球中心且垂直于地轴的平面称为赤道面，赤道面与参考椭球面的交线称为赤道。赤道面将地球分为南北两半球。

地理坐标就是以起始子午面和赤道面作为起算面的。

地面上某点的大地经度（L），简称经度。通过某点（如 P）的子午面与首子午面之间的二面角 L，称为该点的大地经度。经度是以首子午面起算，在首子午面以东的点的经度，从首子午面向东度量，称为东经。以西者向西度量，称为西经。其角值各从 $0° \sim 180°$。在同一子午线上的各点经度相同，任意两点的经度之差称为经差。我国位于东半球，各地的经度都是东经。

大地纬度（B），简称纬度。过椭球面上的任一点（如 P）作一与椭球面相切的平面，过该点作垂直于此切平面的直线，称为该点的法线。某点的法线与赤道面的交角 B，称为该点的大地纬度。纬度是以赤道面起算，在赤道面以北的点的纬度，由赤道面向北度量，称为北纬。以南者向南度量，称为南纬，其角值各从 $0° \sim 90°$。同一纬线上所有点的纬度相同。我国疆域全部在赤道以北，各地的纬度都是北纬。

由此可见，大地经度和大地纬度是以参考椭球面作为基准面。用经度、纬度表示地面点（如 P）位置的坐标系是在球面上建立的，故称为球面坐标，也称为地理坐标。地面上一点的地理坐标（L、B）确定了该点在椭球面上的位置。

1.2.2 高斯投影和高斯平面直角坐标

地球在总体上是以大地体表示的，为了能进行各种运算，又以参考椭球体来代替大地体。但是，椭球体面是一个不可展开的曲面，要将椭球面上的图形描绘在平面上，需要采用地图投影的方法。

我国规定在大地测量和地形测量中采用正形投影的方法。正形投影的特点是：椭球面上的图形转绘到平面上后，保持角度不变形，而且在一定范围内由一点出发的各方向线段的长度变形的比例相同，所以也称等角投影。这就是说，正形投影在一定的范围内可保持投影前、后两图形相似，这正是测图所要求的。我国目前采用的高斯投影是正形投影的一种，这种投影方法是由高斯首先提出的，而后克吕格又加以补充完善，所以称高斯-克吕格投影，简称高斯投影。

1.2.2.1 高斯正形投影概述

高斯投影是一种等角横切椭圆柱分带投影。将椭球面上图形转绘到平面的过程，是一种数学换算过程。为了使初学者对高斯投影有一个直观的印象，故借助与高斯投影有着相同和类似之处的横椭圆柱中心投影，做以简介。

在图 1-2（a）中，设想用一个椭圆柱筒横套于参考椭球的外面，使之与任一子午线相切，这条切线就称为中央子午线或轴子午线，并使椭球柱中心轴与赤道面重合且通过椭球中心。若以地心为投影中心，用数学方法将椭球面上中央子午线两侧一定经差范围内的点、线、图形投影到椭圆柱面上，并要求其投影必须满足下列三个条件：

（1）投影是正形的，即投影前后角度不发生变形。

（2）中央子午线投影后为直线，且为投影的对称轴。

（3）中央子午线投影后长度不变。

上述三个条件中，第 1 个条件是所有正形投影的共同特点，第 2、3 两个条件则是高斯投影本身的特定条件。

将投影后的椭圆柱面沿过南北极的母线剪开并展成平面，这一狭长带的平面就是高斯投影平面，如图 1-2（b）所示。根据高斯投影的特点，可以得出椭球面上的主要线段在高斯投影平面上的几个特性：

（1）中央子午线投影后为直线，并且长度没有变形。

（2）除中央子午线外，其余子午线的投影均为凹向中央子午线的曲线，并以中央子午线为对称轴。投影后长度发生变形，离中央子午线越远，长度变形越大。

（3）赤道圈投影后为直线，但长度有变形。

（4）除赤道外的其余纬圈，投影后为均凸向赤道的曲线，并以赤道为对称轴。

（5）所有长度变形的线段，其长度比均大于 1。

（6）经线与纬线其投影后仍然保持正交。

由此可见，此种投影在长度和面积上都有变形，只有中央子午线是没有变形的线，自中央子午线向投影带边缘，变形逐渐增加，而且不管直线方向如何，其投影长度均大于球面长度。这是因为要将椭球面上的图形相似地（保持角度不变）表示到平面上，只有将椭球面上的距离拉长才能实现。所以，凡在椭球面上对称于中央子午线或赤道的两点，其在高斯投影面上相应对称。

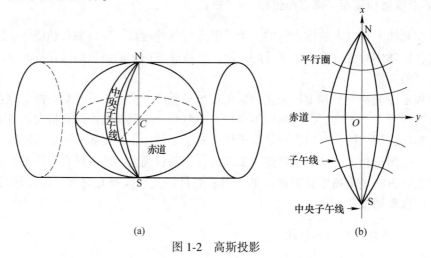

(a)   (b)

图 1-2　高斯投影

1.2.2.2　投影带划分

高斯投影虽然保持了等角条件，但产生了长度变形，且离中央子午线越远，变形越大。在中央子午线两侧经差 3°范围内，其长度投影变形最大约为 1/900。变形过大，对于测图用图都不利，也影响图的使用，甚至是不允许的。

为了限制长度变形，满足各种比例尺的测图精度要求，国际上统一将椭球面沿子午线以经差 6°或 3°划分成若干条带，限定高斯投影的范围。每一个投影范围就称为一个投影带，并依次编号。如图 1-3 所示，从起始子午线开始，自西向东以经差每隔 6°划分一带，将整个地球划分成 60 个投影带，称为高斯 6°投影带（简称 6°带）。6°带各带的中央子午线经度分别为 3°、9°、15°、…、357°，中央子午线的经度 L_0 与投影带带号 N_6 的关系式为：

$$L_0 = N_6 \times 6° - 3° \tag{1-1}$$

每一投影带两侧边缘的子午线称为分带子午线，6°带的分带子午线的经度分别为 0°、6°、12°等。

为了满足大比例尺测图和某些工程建设需要，常以经差 3°分带。它是从东经 1.5°的子午线起，自西向东按经差每隔 3°划分为一个投影带，这样整个地球被划分为 120 带，称为高斯 3°投影带（简称 3°带），如图 1-3 所示。显然，3°带各带的中央子午线经度分别为 3°、6°、9°、…、360°。即 3°带的带号 N_3 与中央子午线经度 L_0 的关系式为：

$$L_0 = N_3 \times 3° \tag{1-2}$$

3°带的分带子午线的经度依次为 1.5°、4.5°、7.5°等。

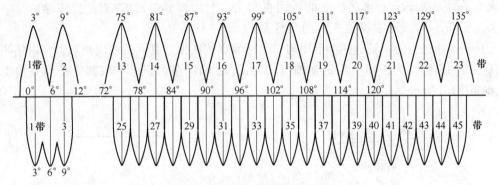

图 1-3 6°和 3°投影带的关系

除上述 6°和 3°带外，有时根据工程需要，要求长度变形更小些，则可采用任意带。任意带的中央子午线一般选在测区中心的子午线，带的宽度为 1.5°。

1.2.2.3 高斯-克吕格平面直角坐标系

采用高斯投影将椭球面上的点、线、图形转换到投影平面上，是属大地控制测量的范畴。我国大地控制测量为地形测量所提供的各级控制点的平面坐标，都已是高斯投影平面上的坐标。

根据高斯投影的原理，参考椭球面上的点均可投影到高斯平面上，为了标明投影点在高斯投影面的位置，可用一个直角坐标系来表示。在高斯投影中，每一个投影带的中央子午线投影和赤道的投影均为正交直线，故可建立直角坐标系。我们国家规定以每个投影带的中央子午线的投影为坐标纵轴（ x 轴），赤道的投影为坐标横轴（ y 轴），其交点为坐标原点 O。 x 轴向北为正，向南为负； y 轴向东为正，向西为负。这就是全国统一的高斯-克吕格平面直角坐标系，也称为自然坐标。

由于我国幅员辽阔，东西横跨 11 个（13~23 带）6°带，21 个（25~45 带）3°带，而各自又独立构成直角坐标系。我国地理位置位于北半球，故所有点的纵坐标值均为正值，而横坐标值则有正有负。为了便于计算，避免 y 值出现负值，规定将每一投影带的纵坐标轴向西平移 500km，即所有点的横坐标值均加上 500km，如图 1-4 所示。为了不引起各带内点位置的混淆，明确点的具体位置，即点所处的投影带，规定在 y 坐标的前面再冠以该点所在投影带的带号。我们把加上 500km 并冠以带号的坐标值称为通用坐标值。

如图 1-4 中，P_1、P_2 点均位于第 21 带，其自然坐标 $y'_{P1} = +189640.8m$，$y'_{P2} = -107453.6m$，则其通用坐标 $y_{P1} = 21689640.8m$，$y_{P2} = 21392546.4m$。

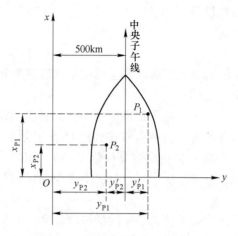

图 1-4　高斯平面直角坐标系图

1.2.3　独立平面直角坐标系

当测区的范围较小时，测区内没有国家统一的坐标系统，测图只是作为一个独立的工程或在其他方面使用，可将该测区的大地水准面看成水平面，在该面上建立独立的平面直角坐标系（见图 1-5）。通常将独立直角坐标系的 x 轴选在测区西边，将 y 轴选在测区南边，坐标原点选在独立测区的西南角点上，以使测区内任意点的坐标均为正值。规定 x 轴向北为正，y 轴向东为正，构成独立平面直角坐标系，如图 1-6 所示。

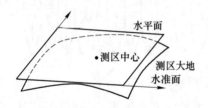

图 1-5　假定平面直角坐标系的建立

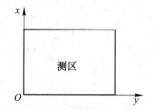

图 1-6　嘉定平面直角坐标系

无论是高斯平面直角坐标系还是独立平面直角坐标系，均以纵轴为 x 轴，横轴为 y 轴，这与数学上的平面坐标系 x 轴和 y 轴正好相反，其原因在于测量与数学上表示直线方向的方位角定义不同。测量上的方位角为纵轴的指北端起始，顺时针至直线的夹角；数学上的方位角则为横轴的指东端起始，逆时针至直线的夹角。将二者的 x 轴和 y 轴互换，是为了仍旧可以将已有的数学公式用于测量计算。出于同样的原因，测量与数学上关于坐标象限的规定也有所不同。二者均以北东为第一象限，但数学上的四个象限为逆时针递增，而测量上则为顺时针递增。

1.2.4　高程系统

地面点的高程是指地面点至大地水准面的铅垂距离，通常称为绝对高程，简称高程，用 H 表示。如图 1-7 所示。

A、B 两点的绝对高程为 H_A、H_B。由于受海潮、风浪等影响，海水面的高低时刻在变化，我国的高程是以青岛验潮站历年记录的黄海平均海水面为基准，并在青岛建立了国家水准原点。我国最初使用"1956 年黄海高程系"，其青岛国家水准原点高程为 72.289m，该高程系于 1987 年废止，并启用"1985 年国家高程基准"，原点高程为 72.260m。在使用测量资料时，一定要注意新旧高程系以及系统间的正确换算。

在局部地区有时可以假定一个水准面作为高程起算面，地面点到假定水准面的铅垂距离称为该点的相对高程。H'_A、H'_B 分别表示 A 点和 B 点的相对高程。

地面两点之间的高程之差称为高差或比高，用 h 表示。A、B 两点的高差为：

$$h_{AB} = H_B - H_A = H'_B - H'_A$$

地面两点之间的高差与高程系统无关。

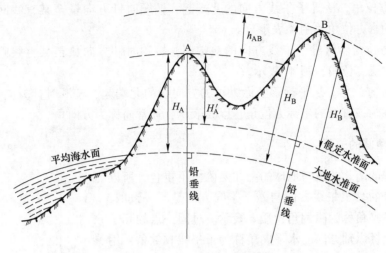

图 1-7 地面点的高程和高差

1.3 直线的方位角与象限角

1.3.1 标准方向线

（1）真子午线方向。通过地面上一点并指向地球南北极的方向线，称为该点的真子午线方向。真子午线方向是用天文测量方法或者陀螺经纬仪测定的。指向北极星的方向可近似地作为真子午线的方向。

（2）磁子午线方向。通过地面上一点的磁针，在自由静止时其轴线所指的方向（磁南北方向），称为磁子午线方向。磁子午线方向可用罗盘仪测定。

由于地磁两极与地球两极不重合，致使磁子午线与真子午线之间形成一个夹角 δ，称为磁偏角。磁子午线北端偏于真子午线以东为东偏，δ 为正；以西为西偏，δ 为负。

（3）坐标纵轴方向。测量中常以通过测区坐标原点的坐标纵轴为准，测区内通过任一点与坐标纵轴平行的方向线，称为该点的坐标纵轴方向。

真子午线与坐标纵轴间的夹角 γ 称为子午线收敛角。坐标纵轴北端在真子午线以东为东偏，γ 为正；以西为西偏，γ 为负。

图 1-8 所示为三种标准方向间关系的一种情况，δ_m 为磁针对坐标纵轴的偏角。

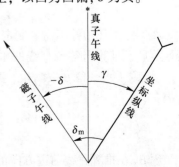

图 1-8 三种标准方向间的关系

1.3.2　直线方向的表示方法与推算

测量工作中，常用方位角来表示直线的方向。由标准方向的北端起，按顺时针方向量到某直线的水平角，称为该直线的方位角，角值范围为 $0° \sim 360°$。由于采用的标准方向不同，直线的方位角有如下三种：

（1）真方位角。从真子午线方向的北端起，按顺时针方向量至某直线间的水平角，称为该直线的真方位角，用 A 表示。

（2）磁方位角。从磁子午线方向的北端起，按顺时针方向量至某直线间的水平角，称为该直线的磁方位角，用 A_m 表示。

（3）坐标方位角。从平行于坐标纵轴的方向线的北端起，按顺时针方向量至某直线的水平角，称为该直线的坐标方位角，以 α 表示，通常简称为方向角。

1.3.3　方位角间的关系

由于地球的南北两极与地球的南北两磁极不重合，所以地面上同一点的真子午线方向与磁子午线方向是不一致的，两者间的水平夹角称为磁偏角，用 δ 表示。过同一点的真子午线方向与坐标纵轴方向的水平夹角称为子午线收敛角，用 γ 表示。以真子午线方向北端为基准，磁子午线和坐标纵轴方向偏于真子午线以东称东偏，δ、γ 为正；偏于西侧称西偏，δ、γ 为负。不同点的 δ、γ 值一般是不相同的。如图 1-9 所示情况，直线 AB 的三种方位角之间的关系如下

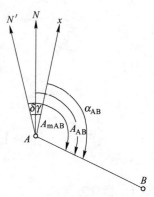

$$\left.\begin{array}{l} A = A_m + \delta \\ A = \alpha + \gamma \\ A = A_m + \delta - \gamma \end{array}\right\} \qquad (1\text{-}3)$$

图 1-9　方位角表示直线方向

1.3.4　坐标方位角与推算

如图 1-10 所示，直线 12 的两个端点，1 是起点，2 是终点，α_{12} 称为直线 12 的正坐标方位角，α_{21} 称为直线 12 的反坐标方位角。对于直线 21，2 是起点，1 是终点，α_{21} 称为直线 21 的正坐标方位角，α_{12} 称为直线 21 的反坐标方位角。一条直线的正、反坐标方位角相差 $180°$，即

$$\alpha_{AB} = \alpha_{BA} \pm 180° \quad 或 \quad \alpha_{正} = \alpha_{反} \pm 180°$$

在实际工作中并不需要测定每条直线的坐标方位角，而是通过与已知坐标方位角的直线连测后，推算出各条直线的坐标方位角。如图 1-11 所示，已知直线 12 的坐标方位角 α_{12}，观测了水平角 β_2 和 β_3，要求推算直线 23 和直线 34 的坐标方位角。由图 1-11 可看出：

$$\alpha_{23} = \alpha_{21} - \beta_2 = \alpha_{12} + 180° - \beta_2 \qquad (1\text{-}4)$$

$$\alpha_{34} = \alpha_{32} + \beta_3 = \alpha_{23} + 180° + \beta_3 \qquad (1\text{-}5)$$

因 β_2 在推算路线前进方向的右侧，称为右折角；β_3 在左侧，称为左折角。从而可归纳出坐标方位角推算的一般公式为：

$$\alpha_{前} = \alpha_{后} + 180° + \beta_{左} \tag{1-6}$$
$$\alpha_{前} = \alpha_{后} + 180° - \beta_{右} \tag{1-7}$$

因方位角的取值范围是 0°~360°，计算中，如果 $\alpha_{前} > 360°$，应减去 360°；如果 $\alpha_{前} < 0°$，应加上 360°。

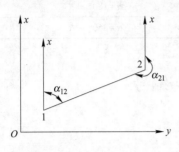

图 1-10　正、反坐标方位角图

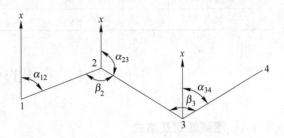

图 1-11　坐标方位角推算

1.3.5　象限角

表示直线方向除方位角外，还可以用象限角表示。从过直线一端的标准方向线的北端或南端，依顺时针（或逆时针）方向度量至直线的锐角称为象限角，一般用 R 表示，其取值范围 0°~90°，如图 1-12 所示。若分别以真子午线、磁子午线和坐标纵线作为标准方向，则相应的分别称为真象限角、磁象限角和坐标象限角。

仅有象限角值还不能完全确定直线的方向。因为具有某一角值的象限角，可以从不同的线端（北端或南端）和依不同的方向（顺时针或逆时针）来度量。具有同一象限角值的直线方向可以出现在四个象限中。因此，在用象限角表示直线方向时，要在象限角值前面注明该直线方向所在的象限名称。Ⅰ象限：北东（NE）、Ⅱ象限：南东（SE）、Ⅲ象限：南西（SW）、Ⅳ象限：北西（NW），以区别不同方向的象限角。

如图 1-12 中，直线 OA、OB、OC、OD 的象限角相应地要写为北东 R_{OA}、南东 R_{OB}、南西 R_{OC}、北西 R_{OD}。同一直线的方位角与象限角的关系如图 1-13 所示。

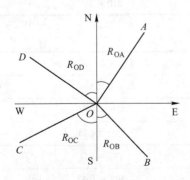

图 1-12　直线的象限角

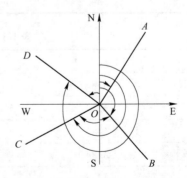

图 1-13　方位角与象限角的关系

从图 1-13 中可以很容易得出直线坐标方位角和象限角的关系，见表 1-1。

表 1-1　方位角与象限角的关系

象限及名称	坐标方位角值	由象限角求坐标方位角
Ⅰ 北东	$0°\sim90°$	$\alpha=R$
Ⅱ 南东	$90°\sim180°$	$\alpha=180°-R$
Ⅲ 南西	$180°\sim270°$	$\alpha=180°+R$
Ⅳ 北西	$270°\sim360°$	$\alpha=360°-R$

1.4　矿图的分幅与编号

1.4.1　图纸幅面及格式

1.4.1.1　图纸幅面尺寸

图纸幅面尺寸（根据 GB/T 14689—2008《技术制图　图纸幅面和格式》）有如下规定：

（1）绘制技术图样时，应优先采用表 1-2 所规定的基本幅面。

（2）必要时，也允许选用表 1-3 和表 1-4 所规定的加长幅面。这些幅面的尺寸是由基本幅面的短边乘整数倍后得到，如图 1-14 所示。

表 1-2　图纸基本幅面

幅 面 代 号	尺寸 $B\times L$/mm $\times$ mm
A0	841×1189
A1	594×841
A2	420×594
A3	297×420
A4	210×297

表 1-3　图纸加长幅面（一）

幅 面 代 号	尺寸 $B\times L$/mm $\times$ mm
A3×3	420×891
A3×4	420×1189
A4×3	297×630
A4×4	297×841
A4×5	297×1051

图 1-14 中粗实线所示为基本幅面（第一选择），细实线所示为表 1-3 所规定的加长幅面（第二选择），虚线所示为表 1-4 所规定的加长幅面（第三选择）。

表 1-4　图纸加长幅面（二）

幅面代号	尺寸 $B \times L$/mm × mm	幅面代号	尺寸 $B \times L$/mm × mm
A0×2	1189 × 1682	A3×5	420 × 1486
A0×3	1189 × 2523	A3×6	420 × 1783
A1×3	841 × 1783	A3×7	420 × 2080
A1×4	841 × 2378	A4×6	297 × 1261
A2×3	594 × 1261	A4×7	297 × 1471
A2×4	594 × 1682	A4×8	297 × 1682
A2×5	594 × 2102	A4×9	297 × 1892

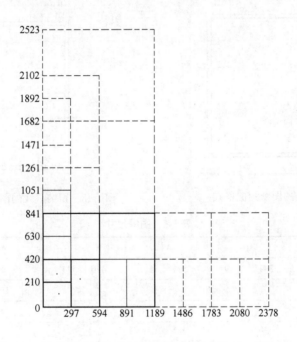

图 1-14　图纸幅面

1.4.1.2　图框格式

图框格式（根据 GB/T 14689—2008《技术制图　图纸幅面和格式》）有如下规定：

（1）在图纸上必须用粗实线画出图框，其格式分为不留装订线和留有装订线两种，但同一产品的图样只能采用一种格式。

（2）不留装订线的图纸，其图框格式如图 1-15、图 1-16 所示，尺寸按表 1-5 的规定。

（3）留有装订线的图纸，其图框格式如图 1-17、图 1-18 所示，尺寸按表 1-5 的规定。

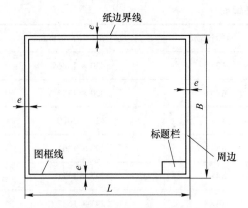

图 1-15　不留装订线的图纸图框格式（一）

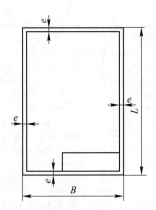

图 1-16　不留装订线的图纸图框格式（二）

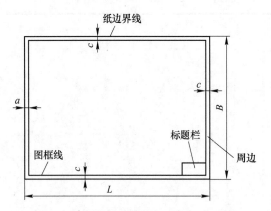

图 1-17　留装订线的图纸图框格式（一）

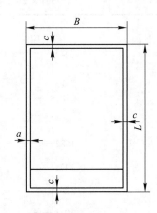

图 1-18　留装订线的图纸图框格式（二）

表 1-5　图框尺寸

幅面代号	A0	A1	A2	A3	A4
尺寸 $B \times L$/mm × mm	841 × 1189	594 × 841	420 × 594	297 × 420	210 × 297
e/mm	20			10	
c/mm	10			5	
a/mm	25				

（4）加长幅面的图框尺寸，按所选用的基本幅面大一号的图框尺寸确定。例如，A2×3 的图框尺寸，按 A1 的图框尺寸确定，即 e 为 20mm（或 c 为 10mm），而 A3×4 的图框尺寸，按 A2 的图框尺寸确定，即 e 为 10mm（或 c 为 10mm）。

1.4.2　字符及字母要求

矿山工程图中使用的字符及字母应符合以下规定：

（1）图样中书写的汉字应写成长仿宋体，字体的宽度约为字体高度的 2/3，并应采用国家正式公布推广的简化字。

（2）图样中所有涉及数量的数字，均用阿拉伯数字表示，其计量单位应采用国家正式公布的符号或中文名称。

（3）图样中书写的字母和数值分为 A 型和 B 型。A 型字体的笔画宽度（d）为字高（h）的 1/14，B 型字体的笔画宽度为字高的 1/10。

（4）字母和数字可写成斜体或直体。斜体字字头向右倾斜，与水平线约成 75°。

（5）用做指数、分数、注脚等的数值及字母，一般采用小一号的字体。

（6）图样中书写的汉字、字母和数值必须做到字体工整、笔画清楚、排列整齐、间隔均匀。

（7）在图纸中，对常用数量的名称，使用表 1-6 中的字母代号。

表 1-6 常用数量的字母代号

名　称	字母代号	名　称	字母代号
长度	L、l	容重	γ
宽度	B、b	巷道断面	S
高度	H、h	巷道掘进断面	S_1
厚度	M、m	巷道净周长	P
直径	D、d	巷道壁厚	T
半径	R、r	巷道拱高	d_0
体积	V	充填厚度	δ
面积	F	曲线长	K_P
角度	α、β、γ、δ、θ	切线长	T
重量	G、g	风量	Q
经距	Y	风速	v
纬距	X	巷道摩擦阻力系数	α
标高	Z	通风阻力	R
年产量	A	水量	Q

1.4.3　图线及画法

1.4.3.1　图线

（1）绘图时应采用表 1-7 中规定的图线。图框、图签（标题栏）、明细表、曲线图、示意图及表格中的直线，以及其他不直接属于图形的图线，其宽度可在 $b/4 \sim b$ 的范围内选取。

（2）图线的宽度分为粗、细两种，粗线的宽度 b 应按图的大小和复杂程度，在 0.7~2mm 之间选择，细线的宽度约为 $b/3$。

（3）图线宽度的推荐系列为 0.25mm、0.35mm、0.5mm、0.7mm、1mm、1.4mm 和 2mm。

1.4.3.2 图线的画法

（1）在同一图纸上按同一比例绘制图形时，其同类图线的宽度应保持一致。

（2）徒手绘制图纸时，各线条应用仪器绘制，波浪线可徒手绘制，如图 1-19 所示。

（3）虚线和虚线，或点画线和点画线应交于线段中间，两端应以短线收尾，并应超出物体轮廓界限之外 4~5mm，如图 1-20 所示。

表 1-7　图线

序号	线　型	图线宽度	图线名称	图线使用说明
1	———	b	粗实线	主要可见轮廓线、主要可见过渡线
2	———	$b/2$	较细实线	次要可见轮廓线、次要可见过渡线
3	———	$b/3$	细实线	尺寸线、尺寸界线、剖面或断面线、引出线、范围线
4	∿	$b/3$	波浪线	断裂处的边界线、视图和剖视的分界线
5	～	$b/3$	双折线	断裂处的边界线
6	－ － －	$b/3$	虚线	不可见轮廓线、不可见过渡线
7	⌐　¬	b	剖切线	剖面或断面的剖切线
8	－ · －	$b/3$	细点画线	轴线、中心线、轨迹线
9	－ ·· －	$b/3$	双点画线	剖面图中假想投影轮廓线、运动件位置轮廓线、不属于本专业位置的轮廓线、中断线
10	■ · ■	b	粗点画线	有特殊要求的线或表面的表示线

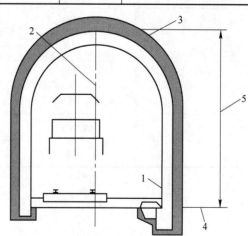

图 1-19　图线（一）

1—可见轮廓线；2—中线；3—波浪线；4—尺寸界线；5—尺寸线

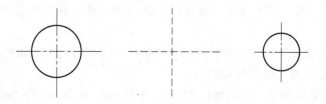

图 1-20　图线（二）

1.4.4　比例尺

地形图上一段直线的长度与地面上相应线段的实际水平长度之比，称为地图比例尺。绘制地形图及井上下各种矿用图纸时，按需要将它们的实际尺寸按比例缩小若干倍再进行绘制。比例尺的大小是以比例尺的比值来衡量的。大比例尺地形图一般都是实测而成；中比例尺地形图可以实测而成，也可以根据大比例尺地形图编绘而成；而小比例尺地形图一般都是根据大、中比例尺地形图编绘而成。地图比例尺表示了实际地理事物在地图上缩小的程度，如比例尺为 1：10000，就是说地图上 1cm，相当于实地距离 100m 的距离。

只要知道了图纸的比例尺，就可以根据图纸的长度求出实际的水平长度，也可以将实际的水平长度换算为图纸上应绘制的长度。

1.4.4.1　比例尺的种类

A　数字比例尺

数字比例尺一般取分子为 1，分母为整数的分数表示。设图上某一直线长度为 d，地面上相应线的水平长度为 D，则图的比例尺为：

$$\frac{d}{D} = \frac{1}{M} \tag{1-8}$$

或写成 1：M。分母越大，分数值越小，则比例尺就越小。反之则比例尺就越大。地图比例尺有大小之别。同一个地理事物在地图上表示得越大，则说明地图的比例尺就越大。

为满足经济建设和国防建设的需要，根据比例尺大小不同，地形图分大、中、小三种比例尺图。一般将 1：500~1：10000 比例尺地形图称为大比例尺地形图；1：25000~1：100000 比例尺的称为中比例尺地形图；小于 1：100000 比例尺的称为小比例尺地形图。根据国家颁布的测量规范、图式和比例尺系统测绘或编绘的地形图，称国家基本图，也称基本比例尺地形图。各国使用的地形图比例尺系统不尽一致，我国把 1：5000、1：10000、1：25000、1：50000、1：100000、1：200000、1：500000 和 1：1000000 八种比例尺的地形图规定为基本比例尺地形图。

B　图示比例尺

为了用图方便，以及减小由于图纸伸缩而引起的使用中的误差，在绘制地形图时，常在图上绘制图示比例尺，最常见的图示比例尺为直线比例尺，也就是线段比例尺。如图1-21 所示。

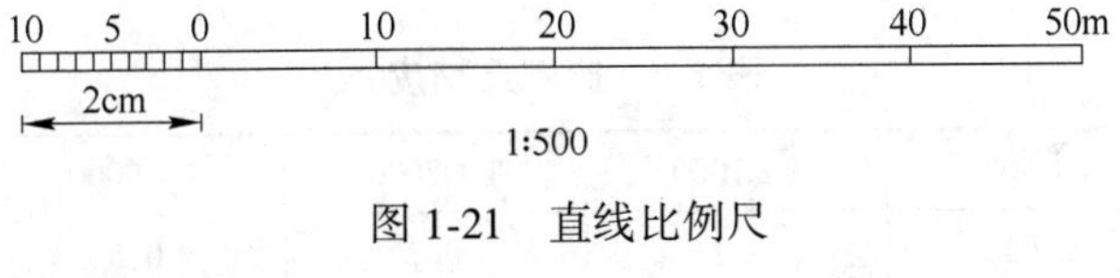

图 1-21　直线比例尺

1.4.4.2　比例尺的规定

（1）在同一幅图纸中，各个视图应采用相同的比例尺，并标注在标题栏的比例栏中。当各个视图需要采用不同的比例尺时，应在图名标注线下居中位置标注，特殊情况也可在右侧标注比例尺，但每套图应采用一种方法标注。

（2）绘制矿山工程图时所用的比例尺应根据图纸的复杂程度选取，矿井必须具备的基本矿山工程图常用的比例尺有 1：200、1：500、1：1000、1：2000、1：5000，见表1-8。

表1-8　采矿图纸比例

图　　名	常用比例	可用比例
矿区井田划分及开发方式图	平面 1：10000 剖面 1：2000	平面 1：50000 剖面 1：5000
井田开拓方式图、开拓巷道工程图、采区年进度计划图	平面 1：5000 剖面 1：2000	平面 1：10000，1：2000 剖面 1：5000
采区布置及机械配置图	平面 1：2000 剖面 1：2000	平面 1：5000
井底车场布置图	平面 1：500 剖面 1：50	平面 1：1000
安全煤柱图	1：2000	
井　　筒	1：20，1：50	1：30，1：100
硐　　室	平面 1：50，1：100 断面 1：50 剖面 1：50，1：100	平面 1：200 剖面 1：200
采区车场	平面 1：200 断面 1：50 剖面 1：200	平面 1：500、1：100 剖面 1：100
各种详图	1：2，1：5，1：10	1：20，1：1，2：1

（3）说明书中的插图可不按比例尺绘制，但必须注明"×××示意图"的字样。

1.4.4.3　比例尺精度

人们用肉眼能分辨的图上最小距离为 0.1mm，因此一般在图上量度或者实地测图描绘时，就只能达到图上 0.1mm 的精确性。因此我们把图上 0.1mm 所表示的实地水平长度称为比例尺精度。可以看出，比例尺越大，其比例尺精度也越高。不同比例尺的比例尺精度见表1-9。

表1-9　比例尺精度

比例尺	1：500	1：1000	1：2000	1：5000	1：10000
比例尺精度/m	0.05	0.1	0.2	0.5	1.0

比例尺精度的概念，对测绘和用图有重要意义。例如在测 1：50000 图时，实地量距只需取到 5m，因为即使量得再精细，在图上也是无法表示出来的。此外，当设计规定了在图上能量出的最短长度时，根据比例尺的精度，可以确定测图比例尺。例如某项工程建设，要求在图上能反映地面上 10cm 的精度，则采用的比例尺不得小于 1：1000。

1.5 矿图的绘制

1.5.1 矿图绘制的基本原理

矿图是反映矿区范围内地物、地貌及井下巷道、地质构造和煤层空间赋存状态的图件。矿图一般都是根据标高投影的原理绘制的。标高投影，就是采用水平面作为投影面，将空间物体上各特征点垂直投影于该投影面上，并将各特征点的高程标注在旁边，形成平面图。例如，矿井的井筒、钻孔、测量的控制点等就是根据点的标高投影原理而绘制的；巷道的中心、煤岩层面的交线等在局部可视为直线，煤层面、断层面等在局部可视为平面。下面简要介绍点、直线、平面的标高投影的基本方法以及它们间的相互位置关系。

1.5.1.1 点的标高投影

自三维空间的某点向投影面（水平面）作垂线并在垂足处注明点的标高，即得该点的标高投影。如图 1-22 所示。因此，点在投影面上的位置仅由其平面直角坐标 x、y 决定，高程位置只能通过注记在旁边的标高数值来确定。

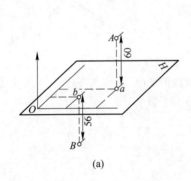
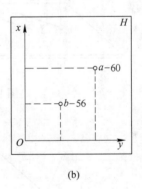

(a)   (b)

图 1-22　点的标高投影

1.5.1.2 直线的标高投影

A　直线的标高投影表示方法

直线的标高投影可以用直线上两点的标高投影的连线表示，也可用直线上一点与标明该直线倾角（或斜率）的射线表示。两种表示方法如图 1-23 所示。

B　直线的要素及其相互关系

直线的实际长度称为直线的实长，以 L 表示；直线在水平面上投影的长度称为直线的水平长度，也称平距，以 D 表示；直线与其在水平面上投影线的夹角称为直线的倾角，以 δ 表示；直线两端点的高程之差称为直线的高差，以 h 表示；直线的高差 h 与其平距 D 之比称为直线的斜率，也称坡度，以 i 表示。图 1-24 表

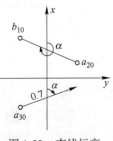

图 1-23　直线标高投影的表示方法

示出了空间直线的各要素。由图可知各要素间存在下
列关系：

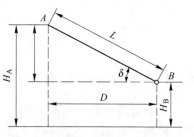

图 1-24　空间直线的各要素关系

$$L = \sqrt{D^2 + h^2} \tag{1-9}$$

$$i = h/D \tag{1-10}$$

$$\delta = \arctan i \tag{1-11}$$

C　空间两直线的相互位置

空间两直线的相互位置关系有平行、相交和交错
三种。若空间两直线的标高投影彼此平行，且倾斜方
向一致、倾角相等，则空间两条直线彼此平行（见图 1-25）；若空间两直线的标高投影相
交，且交点的标高相同，则空间两直线相交（见图 1-26）；若空间两直线既不平行，又不
相交，则必交错（见图 1-27）。交错有三种情况：（1）投影相交，交点的标高有两个；
（2）投影平行且倾向相同，但倾角不等；（3）投影平行，倾向相反。

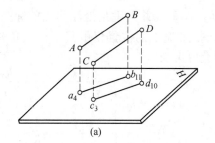

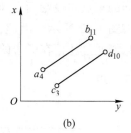

图 1-25　两空间直线的平行

（a）空间图；（b）投影图

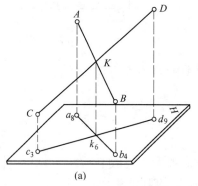

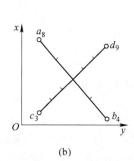

图 1-26　空间直线的相交关系

（a）空间图；（b）投影图

1.5.1.3　平面的标高投影

A　平面标高投影的表示方法

平面的标高投影是以平面上的两条等高线在水平面上的投影来表示的。如图 1-28 所
示，图 1-28（a）中 P 为空间一倾斜平面，H、S、T 分别为标高为 0、+10、+20 的水平面，
图 1-28（b）为平面 P 的标高投影表示方法。

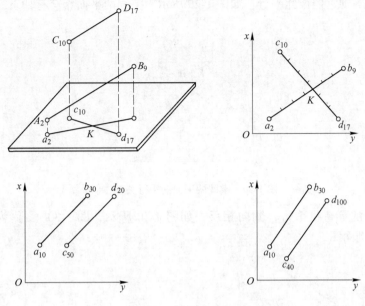

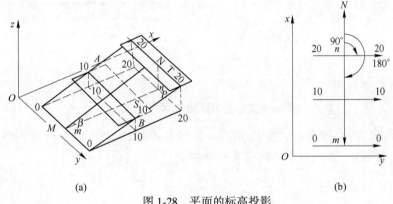

图 1-27 空间直线的交错关系

图 1-28 平面的标高投影

(a) 空间图; (b) 投影图

B 平面的三要素

平面的走向、倾向和倾角统称为平面的三要素。平面的三要素表示了平面的空间状态，如图 1-28 (a) 所示。等高线的延伸方向称为平面的走向 (即图中的 AB)；倾斜平面内垂直于等高线由高指向低的直线 (即图中的 NM)，称为平面的倾斜线，倾斜线在水平面上的投影 (即图中的 nm)，称为平面的倾向线，倾向线的方向称为平面的倾向；倾向线与倾斜线间的夹角 (即图中的 β)，称为平面的倾角。

采用标高投影表示平面，也能反映出平面的三要素。如图 1-28 (b) 中，等高线的箭头所指方向即为平面的走向；垂直于等高线，由高指向低的方向即为平面的倾向；两条等高线间的高差与对应平距之比的反正切即为平面的倾角。

C 空间两平面的相互位置

空间两平面的相互位置关系有平行和相交两种。若空间两平面的等高线相互平行、倾向相同、倾角相等则它们彼此平行，如图 1-29 所示。空间两平面相交有如下三种情况。

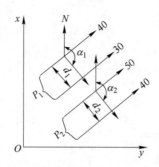

图 1-29　空间两平面的平行关系

（1）两平面的等高线平行，倾向相反，如图 1-30 所示，图 1-30（a）为平面投影，图 1-30（b）为剖面图。

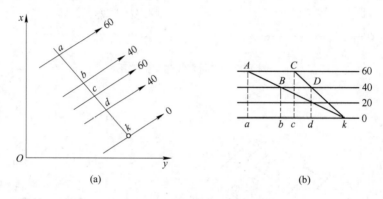

图 1-30　空间两平面相交的情况之一

（2）两平面的等高线平行，倾向相同，但倾角不等，如图 1-31 所示，图 1-31（a）为平面投影，图 1-31（b）为平面倾向线的断面。

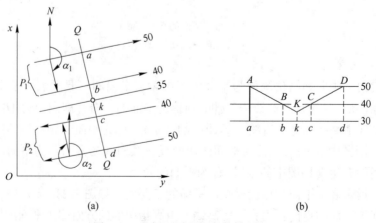

图 1-31　空间两平面相交的情况之二

（3）两平面的等高线相交，如图 1-32 所示。

空间两平面相交时，在标高投影图上求其交线的方法是：对于第（3）种情况，两平面等高线的交点的连线即为其交线，如图 1-32 中的 ab；对于第（1）、第（2）两种情况，由于两平面的等高线平行，则它们的交线也必与等高线平行，这时，只要在标高投影图上沿垂直等高线的方向作垂直剖面，求出交线处的标高即可，如图 1-30（b）和图 1-31（b）所示。

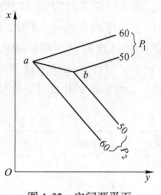

图 1-32 空间两平面
相交的情况之三

D 空间直线与平面的相互位置

空间直线与平面的相互位置关系有：直线位于平面内、直线与平面平行、直线与平面相交三种。若直线上有两点位于平面内，则直线位于平面内，如图 1-33 所示；若直线不在平面内，但与平面内的某条直线平行，则直线与平面平行，如图 1-34 所示；若直线既不在平面内又不与平面平行，则直线与平面相交，如图 1-35（a）所示，直线与平面相交时，其交点可沿直线方向作垂直剖面求出，如图 1-35（b）所示。

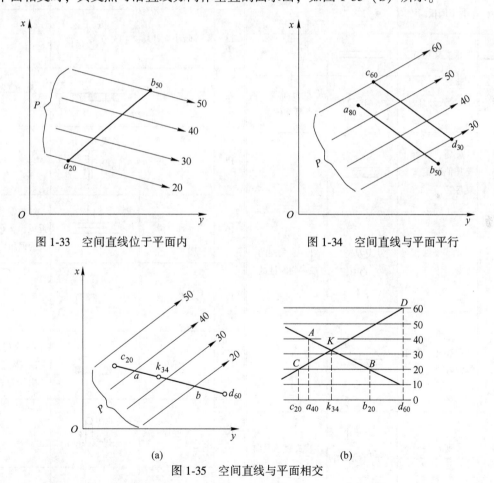

图 1-33 空间直线位于平面内   图 1-34 空间直线与平面平行

(a)   (b)

图 1-35 空间直线与平面相交

1.5.2 煤矿矿图常用图例

为了便于绘图和读图，矿图必须采用统一的颜色、符号、说明和注记来表示矿图的对象，称为图例。1977 年和 1987 年，原煤炭工业部先后对 1955 年颁发的《矿山测量图图例》进行了两次修改，增加了煤田地质、矿井地质和水文地质图件的内容，并于 1989 年 7 月由原能源部以《煤矿地质测量图例》正式颁布执行。1991 年，原中国统配煤矿总公司制定了《煤矿地质测量图技术管理规定》，与《煤矿地质测量图例实施补充规定》配合执行。矿图中常用的图例符号见表 1-10。

表 1-10　常用矿图符号表

编号	符号名称	图示	说明	编号	符号名称	图示	说明
1	十字中心基点	 ⊗	箭头指向井筒	11	暗竖井	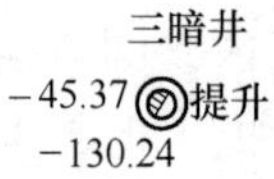 三暗井 −45.37 ◎提升 −130.24	左边字上为井口高程，下为井底高程
2	锚喷巷道	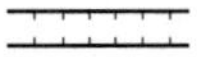		12	已充填巷道	 × × ×	
3	巷道底板高程	● −124.7		13	暗小立井	六号小井 35.20 ◎通风 13.70	
4	木支架巷道	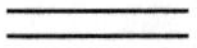				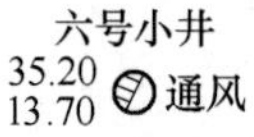	
5	井下水准基点	−76.645 ⊗顶5	左为高程，右为点号和位置	14	石门	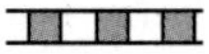 ▦	巷道为杏黄色
6	金属、混凝土及其他装配式支架巷道	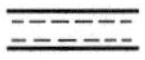		15	斜井	 九号斜井 185.23 提升 31°	
7	井下经纬仪导线点	1 ◎A₂ 2 ○B₄	1—永久性的 2—临时性的	16	风桥	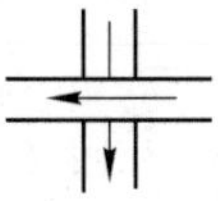	红色箭头为近风，蓝色箭头为回风
				17	平硐	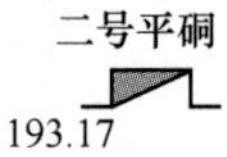 二号平硐 193.17	
8	混凝土、料石等砌碹的巷道			18	水闸门	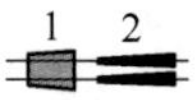 1　2	1—全门 2—半门 中间为绿色
9	竖井	 一号井 156.36 ◎提升 15.73	箭头表示风向	19	井底煤仓	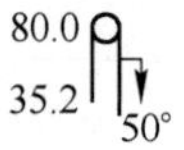 80.0 35.2 50°	
10	废巷	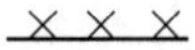 × × ×	叉为红色	20	水闸墙	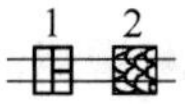 1　2	1—砖石的 2—混凝土的

编号	符号名称	图示	说明	编号	符号名称	图示	说明
21	专用钻孔	504 159.86◎电 −164.50		39	井下未见煤钻孔	−361.0063 〇 −483.20	
22	永久隔风墙			40	煤层冲刷带及无煤区		
23	岩巷		黄色				
24	永久风门			41	地层产状	10°	横向表示走向，垂线表示倾向
25	煤巷						
26	井田边界	—+—		42	井下涌水钻孔	250L/s 1984.5.2	分子为涌水量，分母为打孔时间
27	倾斜巷道	20°					
28	煤矿占地边界		黄色	43	节理走向及倾角	1 2	1—顶板 2—煤层
29	裸体巷道			44	实测煤层露头线		
30	保护煤柱和地面受保护面积		红色				
31	回采边界	1 2	1—实测的 2—推测的	45	实测向斜轴		箭头方向表示岩层倾向
32	实测平移断层		红色	46	推测煤层露头线		
				47	实测背斜轴		
33	见煤钻孔	25 413.51◎2.53 176.94	上为孔号，左边上面为孔口高程，下面为煤层底板高程，右为煤层真厚度	48	风氧化带		
34	实测断层交面线	1 2	1—上盘 2—下盘 红色	49	实测正断层	H = 5.0 75°	箭头表示断层面倾斜方向，短线表示地层下降的一侧，并注明倾角和落差，红色
35	未见煤钻孔	13 135.50◎ 60.42					
36	断层裂隙带		红色				
37	井下见煤钻孔	75 −50.21●3.2 −120.13		50	煤层变薄不可采边界线	H	
38	实测陷落柱		红色	51	实测逆断层	H = 12.0 64°	红色

1.5.3　非煤矿山常用图例

矿石、岩石及材料图例应符合表 1-11 的规定，各种界线与方向图例应符合表 1-12 的规定，露天工程与井巷工程图例应符合表 1-13 的规定，设备图例应符合表 1-14 的规定。

表 1-11　矿石、岩石及材料图例

序号	名　称	图　例	备　注
1	整体矿石	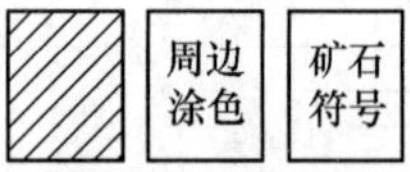 周边涂色　矿石符号	
2	崩落矿石	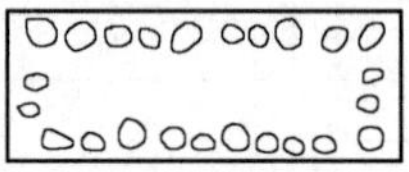	
3	整体岩石	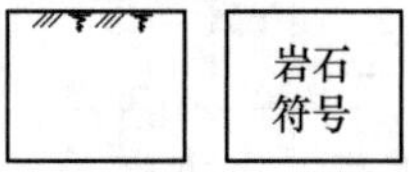 岩石符号	
4	崩落岩石	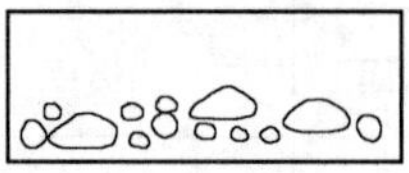	
5	自然土壤	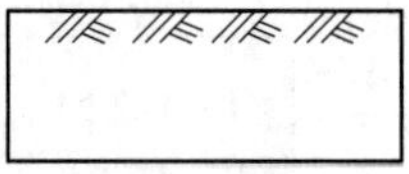	
6	尾砂、水砂、充填料	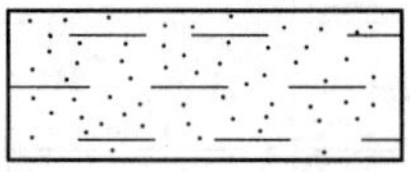	
7	干式充填料	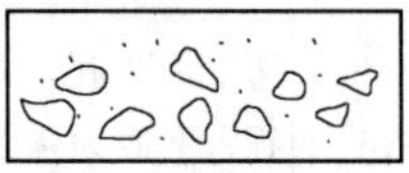	
8	混凝土（胶结充填料）	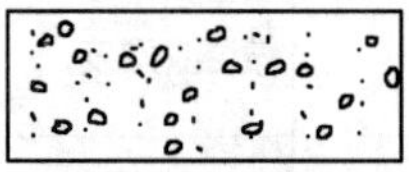	图中可以局部填充
9	钢筋混凝土	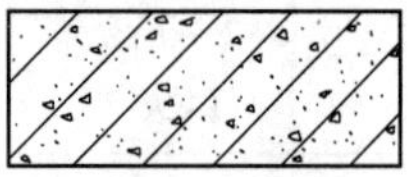	图中可以局部填充
10	混凝土块砌体	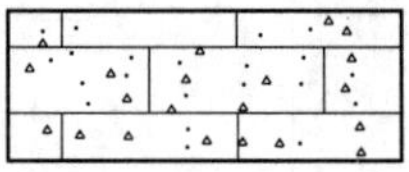	图中可以局部填充
11	料石砌体	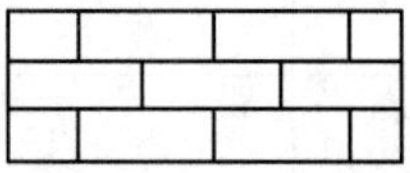	图中可以局部填充
12	砖砌体	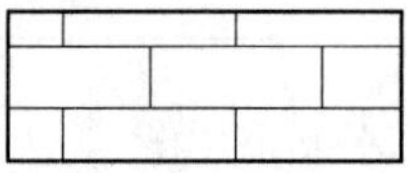	图中可以局部填充

序号	名　称	图　例	备　注
13	道　渣	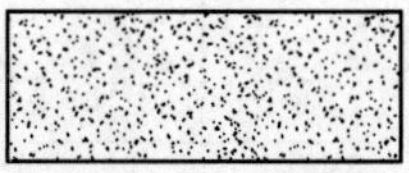	
14	金　属	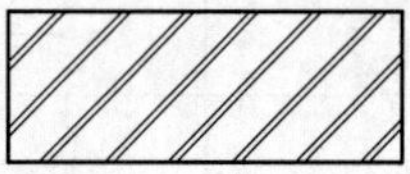	
15	金属网	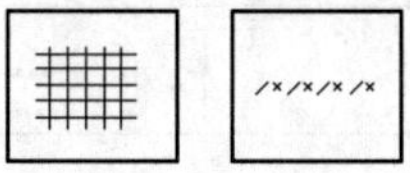	
16	花纹钢板	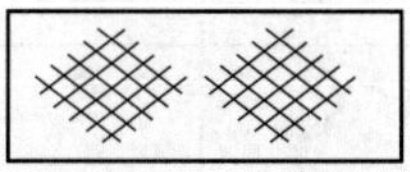	
17	水泥砂浆垫板	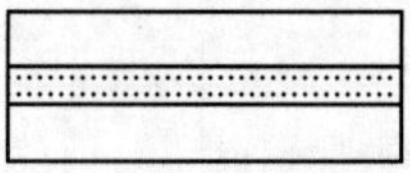	
18	木　材	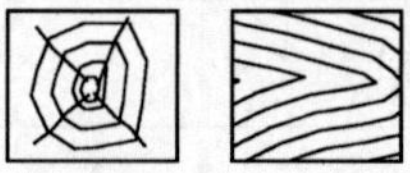	
19	水	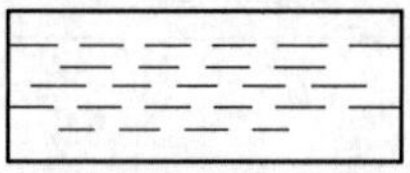	
20	锚　杆 金属网锚杆	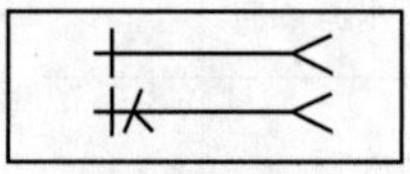	
21	毛石混凝土		
22	毛石及片石	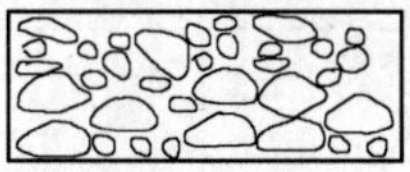	
23	预制钢筋混凝土	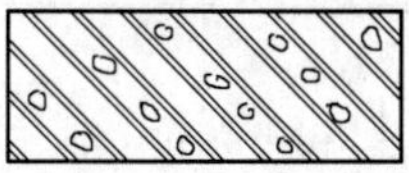	
24	充填土	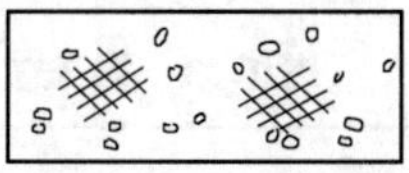	
25	有机玻璃	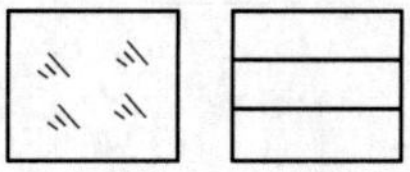	
26	砂浆抹面	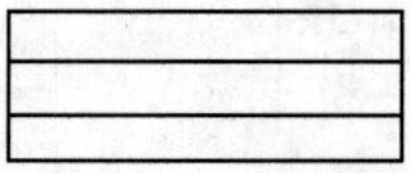	

表 1-12　各种界线与方向图例

序号	名　称	图　例	备　注
1	开采境界线	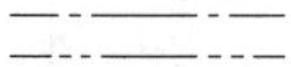 ———·—·—·—	上图为前期开采境界线 下图为末期开采境界线
2	爆破警戒线	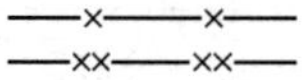 ——×——×——×——	上图为前期警戒线 下图为末期警戒线
3	错动界线	 —┴——┴——┴—	
4	崩落界线	 —┬——┬——┬—	
5	预留矿柱界线	 — — — — —	
6	指北方向	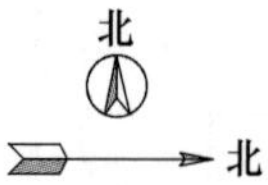 北 ↑ ↠➤ 北	上图用于平面图 下图用于竖井车场、阶段平面
7	新鲜风流方向	 ○——➤	
8	污浊风流方向	 ●——➤	
9	重车运输方向	 ▶——➤	
10	空车运输方向	 ▷——➤	
11	水沟、电缆沟坡度及水流方向	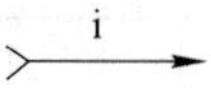 $\overset{i}{\longrightarrow}$	箭头指向下坡方向
12	巷道、路堑坡度	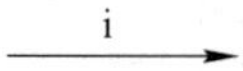 $\overset{i}{\longrightarrow}$	箭头指向下坡方向
13	边坡加固界线	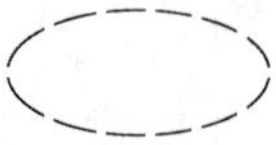 ◯（虚线椭圆）	
14	火灾避灾方向	 （符号）——➤	
15	水灾避灾方向	 （符号）——➤	

表 1-13　露天工程与井巷工程图例

序号	名　称	图　例	备　注
1	阶段平台坡面与标高	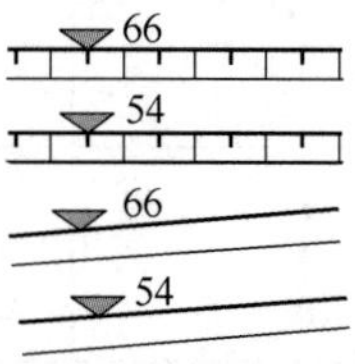 ▽66 ▽54 ▽66 ▽54	

续表 1-13

序号	名　称	图　例	备　注
2	原有阶段平台坡面与标高	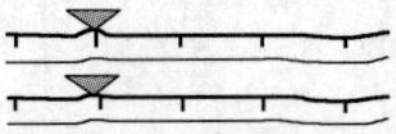	
3	倾斜路堑	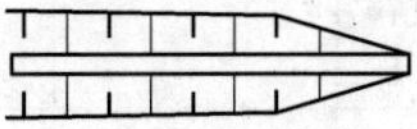	
4	水平路堑	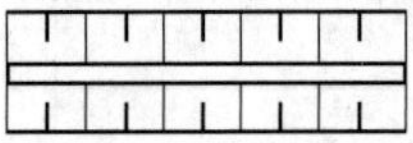	
5	倒装场	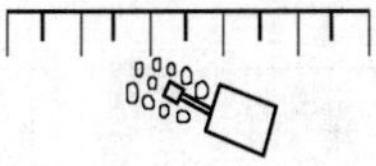	
6	排土场	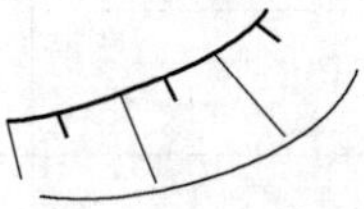	
7	护坡加固	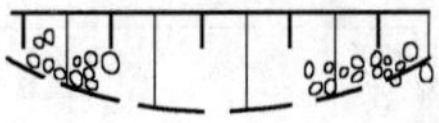	
8	斜　井	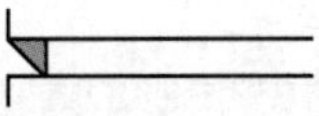	
9	斜坡道	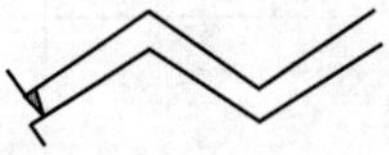	
10	平　硐	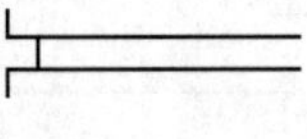	
11	矿石溜井	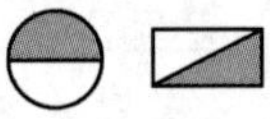	漏斗颈、溜口亦可使用
12	废石溜井	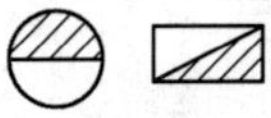	
13	圆竖井	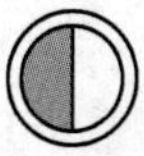	
14	矩形竖井	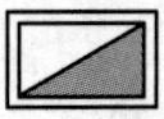	
15	主通风井	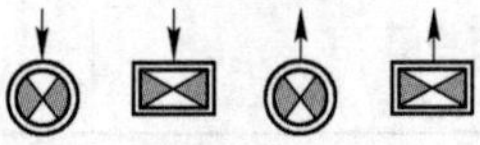	左图两个为入风井 右图两个为出风井

续表 1-13

序号	名　称	图　例	备　注
16	充填井	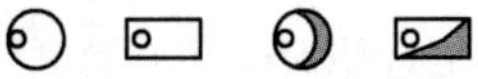	左图两个为下口 右图两个为上口
17	设备材料井		左图为下口 右图为上口
18	电梯井	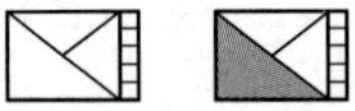	左图为下口 右图为上口
19	人行通风天井	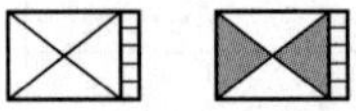	左图为下口 右图为上口
20	切割天井	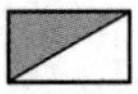	
21	凿岩天井	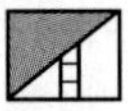	
22	设计平巷	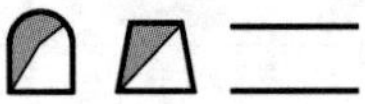	粗实线，也可不填充
23	原有平巷	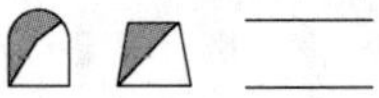	细实线，也可不填充
24	拟建井巷	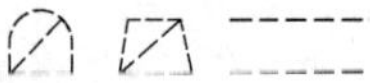	
25	探矿井巷	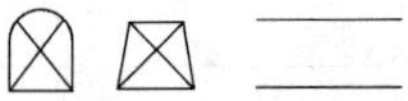	最细实线
26	水　沟	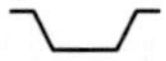	
27	地面充填站	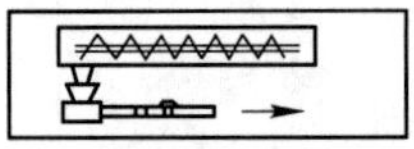	
28	地面风机房	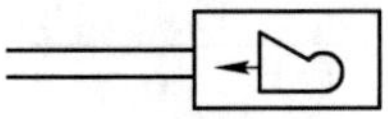	
29	井　塔	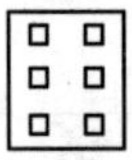	
30	井　架	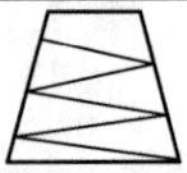	
31	变电站	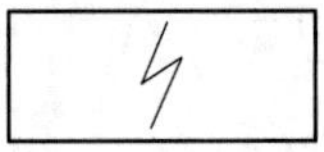	
32	大块石条筛	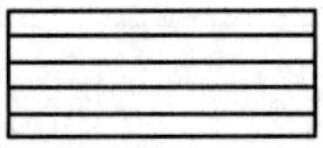	
33	块石格筛	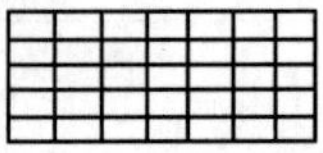	

表 1-14 设备图例

序号	名　称	图　例	备　注
1	钻　机		
2	挖掘机		
3	装载机		包括前装机
4	推土机		
5	铲运机		
6	汽　车		
7	矿　车		
8	电机车		
9	移动式胶带排土机		
10	半固定破碎机		
11	移动式破碎机		
12	胶带运输机		
13	混凝土搅拌机		
14	电　耙		
15	电耙绞车		

序号	名　称	图　例	备　注
16	振动放矿机	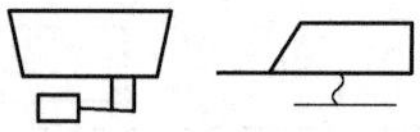	
17	翻车机	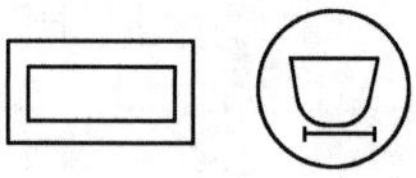	
18	索斗铲	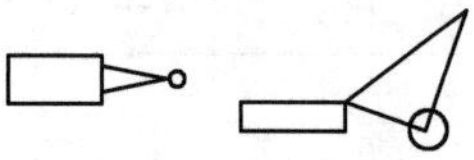	
19	移动空压站		

1.5.4　手工绘制矿图

矿图大部分是水平投影图，手工绘制这种矿图的一般步骤如下：

（1）绘方格网。基本矿图应在优质原图纸或聚酯薄膜上绘制。绘图前，首先打好坐标格网和图廓线，检查合格后即行上墨。

（2）用铅笔绘图。首先根据测量资料展绘测量控制点和地物特征点或巷道及硐室的轮廓；再根据其他采矿资料展绘工作面的轮廓及风门、防火密闭、隔水墙、防火闸门等的位置；最后根据地质资料展绘钻孔、断层交面线、煤层露头线等各种边界线，以及煤层倾角、煤厚、煤层小柱状等；根据采矿工程的实测资料，展绘风门、防火密闭、隔水墙、防火闸门等的位置及其他内容。

（3）着色上墨。一般是先涂色后上墨。先对地面建筑物、井下巷道等涂色，用墨画线，写字和注记；再用不同颜色按图例画出其他内容。对于回采工作面，一般先画墨线和注记，再用各种年度颜色将采空区的边界圈出。

（4）绘图框和图签。着色、上墨、写字、注记完毕后，应进行最后的检查。确认没有错误和遗漏之处后，就可绘图框和图签。

当采用毛面聚酯薄膜绘图时，应选用或自制刚性较强的画线工具，并选取吸附力强的墨水进行上墨。在绘图过程中，若出现跑线、画错等现象，应立即停笔，用刀片轻轻地将错处墨迹刮去，刮过的部位一般痕迹很浅，可继续绘图。

1.5.5　计算机辅助绘制矿图

计算机辅助绘制矿图实质上就是根据矿图绘制的具体要求，借助于计算机数据库及绘图软件的支持，研制出专门的矿图绘制系统，来完成矿图的自动绘制过程。计算机矿图绘制系统应具备以下基本功能：

（1）图形数据的采集与输入。野外或井下测量数据可采用电子手簿、便携机等设备将观测数据成果记录下来，并传输给主机，也可采用手工记录，键盘输入主机。已有的图件资料可通过扫描仪或数字化仪采集，并输入主机。

（2）图形数据的组织与处理。通过野外或井下采集的图形数据量相当庞大、数据格式既有几何数据，又有属性数据和拓扑关系。因此，需要通过图形数据的组织和处理，经过编码、坐标计算、组织实体拓扑信息，将这些几何信息、拓扑信息、属性数据按一定的存储方式分类存储，形成基本信息数据库。根据矿图绘制的特点和要求，可将现有图例形成图例库，将巷道、硐室、井筒等矿图基本图素形成图素库，以便于用图素拼接法成图，简化绘图方法，加快成图速度。

（3）图形的编辑与生成。目前国内外大多数专业绘图软件是在 AutoCAD 环境下开发的。其成图方法可分两种类型。一是在 AutoCAD 环境下成图，即在外部利用高级语言形成 AutoCAD 的可识文件，再回到 AutoCAD 环境下成图，或者直接使用 AutoCAD 的内部语言编程并生成图形。二是在外部高级语言环境下，在进行数据处理的同时直接生成 Auto-CAD 的图形文件。

（4）矿图的动态修改。矿图要随矿井采掘活动的进程不断修改与填绘，才能保证其现势性。因此矿图绘制系统应具备随时修改数据库中的数据、及时地修改和填绘矿图的功能。

（5）矿图的存储、显示和输出。在矿图绘制过程中，各类矿图的图形数据来源、图形结构类型以及计算机绘图工艺特点各有不同，许多矿图内容都有重叠，一些矿图可由其他矿图派生或编绘出来。例如，各类矿图的图框、图名、图例和坐标格网的注记等的格式基本类似，主要巷道平面图可由采掘工程平面图编绘而成，井上下对照图可由井田区域地形图和采掘工程平面图编绘而成。因此，可将不同类型的图素分层存放，通过层间组合形成多个图种。同时，可将矿图绘制集中在几种基本图纸上，其他图纸可由基本图纸派生与编绘而成，以减少绘图工作量。

1.6 基本矿图的内容及其作用

1.6.1 井田区域地形图

井田区域地形图是全面反映井田范围内地物和地貌的综合性地面图纸，比例尺一般为1：2000 或 1：5000。井田区域地形图的内容与大比例尺地形图基本相同，但增加了各类井口、矿界线、塌陷坑、塌陷台阶、塌陷积水区、矸石山、矸石堆等内容。该图是编绘井上下对照图和采掘工程平面图的基础。为了使用与阅读的方便，可以一个井田分一幅或一个井田分成若干幅，描绘大幅面的聚酯薄膜图作为直接复制图的底图。

1.6.2 工业广场平面图

工业广场平面图是反映工业广场范围内的生产系统和生活设施以及地物、地貌的综合性图纸，比例尺一般为 1：500 或 1：1000，是工业广场规划设计、改扩建和保护煤柱设计的重要技术依据。工业广场平面图的内容包括：

（1）测量控制点、井口十字中线基点，并注明点号、高程等；各种永久和临时建

（构）筑物，包括各井口位置、各种交通运输设施、各种管线和垣栅、给排水和消防设施、各种隐蔽工程。

（2）以等高线和符号表示的地表自然形态及由于生产活动引起的地面特有地貌，如塌陷坑、塌陷台阶、积水区、矸石山（堆）等。

（3）保护煤柱围护带，并注明批准文号。

1.6.3 井底车场平面图

井底车场平面图是反映主要开采水平的井底车场巷道与硐室的位置分布以及运输与排水系统的综合性图纸，主要为矿井生产和进行改扩建设计服务。比例尺为 1：200 或 1：500。井底车场平面图的主要内容包括：

（1）井底车场内各井口位置、各个硐室及所有巷道、水闸门、水闸墙和防火门的位置；轨道的坡向和坡度；曲线巷道的要素；巷道交叉和变坡点轨面（或底板）的标高；泵房的各台水泵位置，并注明排水能力、扬程和功率；水仓注明容量等。

（2）永久导线点和水准点的位置。

（3）附有硐室和巷道的大比例尺横断面图，图上绘出硐室和巷道的衬砌厚度和材质、轨道与排水沟的位置，并标注有关尺寸。

1.6.4 采掘工程平面图

采掘工程平面图是反映开采煤层或开采水平内采掘工程和地质资料的综合性图纸，比例尺一般为 1：2000 或 1：1000，是矿井指挥生产、及时掌握采掘进度、了解与相邻煤层（采区）的空间关系、进行采区设计、安排生产计划、修改地质储量图纸和进行"三量"计算的重要图件。

采掘工程平面图的主要内容包括：

（1）井田技术边界线、保护煤柱边界线及其他技术边界线，并注明名称和批准文号；

（2）本煤层内的巷道以及与本煤层开采有关的邻近巷道，注明主要巷道名称和月末工作面位置，斜巷要注记倾向和倾角，巷道交叉、变坡处以及平巷每 50～100m 注记轨面或底板高程。

（3）标明回采区、丢煤区和注销或报损区，回采区要绘出月末工作面位置，在每个工作面的适当位置，注记平均采厚、煤层倾角、开采方法、开采年度并绘出煤层小柱状；丢煤区要注明丢煤原因和煤量；注销或报损区要注明批准文号和煤量。

（4）永久导线点和水准点的位置。

（5）勘探资料和标明煤层埋藏条件的资料，如钻孔与勘探线、煤层露头线与风化带、煤层变薄区、尖灭区、陷落柱和火成岩侵入区、煤样点以及褶曲、断层等地质构造。

（6）重要采掘安全资料。如发火区、积水区、煤及瓦斯突出区、冒流沙区等，并注明发生时间、程度和其他情况。

（7）地面上的重要建筑、居民区、铁路、重要公路、大的河流和湖泊等。

（8）井田边界以外 100m 内的邻近采掘工程和地质资料，井田范围内的小煤窑及其开采范围。

1.6.5　主要巷道平面图

　　主要巷道平面图是反映矿井某一开采水平内的采掘工程和地质资料的综合性图纸，也是煤矿生产建设中最基本的图纸，比例尺应与采掘工程平面图一致，主要为安全生产、进行矿井改扩建设计、掌握巷道进度、了解巷道所处岩层层位和煤层分布等方面提供基础资料。主要巷道平面图的主要内容与采掘工程平面图基本相同。若矿井仅开采一、二层近距离煤层，水平开拓系统较简单且在采掘工程平面图上已绘有主要巷道平面图所要求的内容，可不必单独绘制主要巷道平面图。

1.6.6　井上下对照图

　　井上下对照图是反映地面的地物、地貌和井下的采掘工程之间的空间位置关系的综合性图纸，比例尺为 1：2000 或 1：5000。主要用来掌握井下回采对地面产生的采动影响，为井下采区设计、井田范围内各类工程规划、农村搬迁、征购土地和进行"三下"采煤等提供资料依据。井上下对照图如图 1-36 所示。

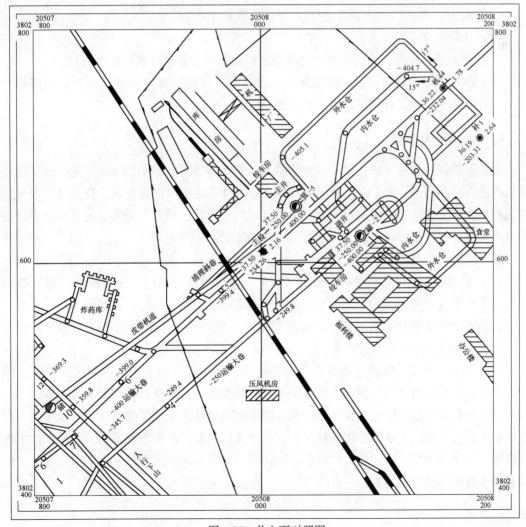

图 1-36　井上下对照图

图上应绘出下列内容：

（1）井田区域地形图所规定的主要内容。

（2）各个井口（包括废弃不用的井口和小窑开采的井口）位置。

（3）井下主要开采水平的井底车场、运输大巷、主要石门、主要上下山、总回风巷和采区内的重要巷道，回采工作面及其编号。

（4）井田技术边界线、保护煤柱围护带和边界线，并注明批准文号。

1.6.7 井筒断面图

井筒断面图是反映井筒施工和井筒穿越的岩层柱状的综合性图纸，主要为井筒延伸设计和井筒维修提供资料依据，比例尺为 1：200 或 1：500。井筒断面图一般绘出下列内容：

（1）井壁的支护材料和衬砌厚度，壁座的位置和厚度，掘进的月末位置。

（2）穿越岩层的柱状描述。

（3）地表（锁口）、井底和各中间水平的高程注记。

（4）井筒竖直程度。

（5）附井筒横断面，绘出井筒内的主要装备和重要设备及井筒的提升方位。

（6）在附表中列出井筒中心的坐标、井筒直径、井深、井口和井底高程、井筒提升方位、井筒开工与竣工日期以及施工单位等。

1.6.8 主要保护煤柱图

主要保护煤柱图是反映井筒和各种重要建（构）筑物免受采动影响所划定的煤层开采边界的综合性图纸，由平面图和沿煤层走向、倾向的若干剖面图组成，比例尺一般与采掘工程平面和主要巷道平面图相一致，为矿井改扩建设计、确定开采煤层的开采边界和指挥生产提供资料依据。图 1-37 为煤矿工业广场煤柱图。

图上应绘出下列内容：

（1）平面图上绘出受护对象、围护带宽度、煤层底板等高线、主要断层、煤柱各侧面与开采水平（或开采煤层）的交面线的水平投影线。

（2）剖面图上应绘出受护对象、围护带宽度、地层厚度、各开采水平的水平线、煤层剖面、主要断层和保护煤柱边界线。

（3）附表说明受护对象及其名称和保护级别，煤柱设计所采用的参数及其依据，围护带宽度和各角点的坐标，煤柱内各煤层的分级储量统计，煤柱设计的批准文号等。

根据受护对象的轮廓复杂程度和开采煤层的数目以及开采水平的多少，可以采用不同的绘制方法。当受护对象的轮廓比较复杂、开采煤层和开采水平都较多时，宜采用数字标高投影法绘制保护煤柱图。当受护对象轮廓比较简单、开采煤层和开采水平都较少时，可以采用垂直断面法或垂线法。

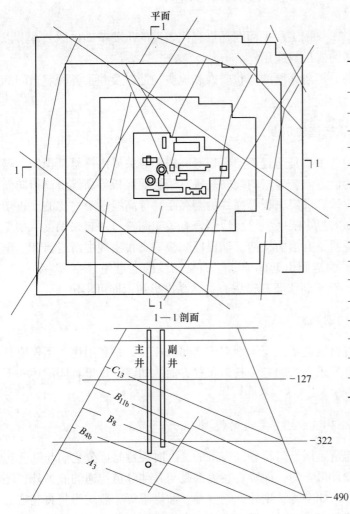

煤柱储量表		单位：万吨
煤层	$A+B+C$	$A+B+$ $C+D$
合计	1766.7	1909.1
C_{15}	27.3	27.3
C_{13}	184.4	184.4
B_{11b}	216.6	216.6
B_{10}	32.7	32.7
B_{9b}	116.2	132.2
B_{9a}		16.8
B_8	290.7	309.3
B_7	273.0	298.0
B_6	38.3	52.1
B_{4b}	143.0	152.5
B_{4a}	59.4	64.8
A_3	254.8	278.3
A_3	130.3	144.1

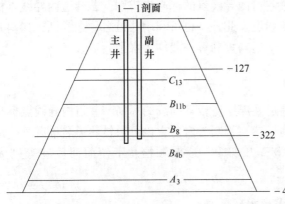

(1) 保护对象：主副井筒及其绞车房，行政办公大楼，福利大楼，煤仓，高压泵房，煤泥沉淀地，变电所，矿灯房，机修房，锅炉房等。

(2) 按煤地字(1978)305号文规定，设计参数采用：$\varphi=40°$，$\delta=62°$，$\gamma=67°$，$\beta=70°-0.5\alpha$。

(3) 煤柱作图方法：垂直断面法。

图 1-37 工业广场保护煤柱图

1.7　矿图的辨识与应用

在各种基本矿井测量图中，采掘工程平面图是最有代表性的重要基础矿图。本节以采掘工程平面图为例，介绍矿图的辨识与应用。

识读采掘工程平面图主要是搞清煤层的产状要素和地质构造以及井下各种巷道间的相互位置关系。

1.7.1　煤层的产状要素和地质构造的识读

煤层的产状要素和地质构造主要是通过煤层底板等高线和有关矿图符号来识别。煤层的走向即煤层底板等高线的延伸方向，煤层的倾向是垂直于煤层底板等高线由高指向低的方向；煤层的倾角则需要通过计算煤层底板等高线的等高距和等高线平距之比的反正切来求取。煤层的地质构造则需要通过煤层底板等高线结合有关矿图符号一起来识读。如煤层底板等高线出现弯曲，一般说明是有褶曲构造；如煤层底板等高线出现中断或错开，则可能是由于陷落柱、断层等地质构造而引起的。断层面交面线的上盘用"—·—·—"表示，下盘用"–×–×–"表示。至于断层要素运用有关标高投影知识即可求出。

1.7.2　各种巷道间相互关系的识别

采掘工程平面图上的巷道纵横交错，要识别它们之间的相互关系和用途，不仅要具备标高投影的基本知识，还需有开采方法中有关巷道布置方面的知识。这里具体阐述一下各种巷道及其相互关系的识别方法。

1.7.2.1　竖直巷道、水平巷道和倾斜巷道的辨别

采掘工程平面图上竖直巷道是用专门符号来表示的，这时关键是区分它们与钻孔符号间的差异，注意钻孔符号一般是孤立的，而竖直巷道都是与其他巷道连通的。另外，还可利用注记的巷道名称进行区分，如主井、副井、暗立井、溜煤眼等一般均为竖直巷道。

水平巷道和倾斜巷道主要是通过巷道内导线点的标高来辨别，若巷道内导线点标高变化不大，则为水平巷道，否则为倾斜巷道。此外，也可利用巷道名称来辨别，如斜井、上山、下山等为倾斜巷道，平硐、石门、运输大巷等一般均为水平巷道。

1.7.2.2　煤巷和岩巷的辨别

煤巷和岩巷的辨别主要是通过巷道处煤层底板等高线的标高与巷道内导线点标高间的关系来区分。若二者标高很近，则为煤巷，否则为岩巷；也可通过巷道名称区分一部分煤巷和岩巷，如石门、围岩平巷是岩巷，开切眼、运输顺槽、工作面回风巷等则大多为煤巷。

1.7.2.3　巷道相交、相错或重叠的辨别

区分巷道相交和相错主要是通过两条巷道内导线点标高间的关系。在采掘工程平面图上两条巷道相交，若交点标高相同（没有注明时，可通过内插标高的方法求得），则它们

是相交的，否则它们是相错的。例如图 1-38 中，巷道 4 与巷道 1、巷道 2 均相交，而巷道 3 与巷道 2 则是相错的。此外，用双线绘巷道时，相错巷道交点处，上部巷道连续，下部巷道中断；相交巷道的交点线条均中断，如图 1-38 所示。

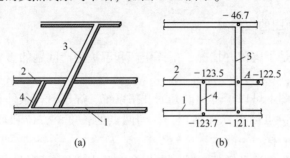

图 1-38　巷道相交或相错关系的辨别
(a) 空间图；(b) 投影图

重叠巷道是指两条标高不同的巷道位于同一竖直面内。此时，在采掘工程平面图上，它们是重叠在一起的，但通过巷道内导线点的标高可区分出上部巷道和下部巷道；另外，上部巷道是用实线绘出的，下部巷道则是用虚线绘制的，如图 1-39 所示。

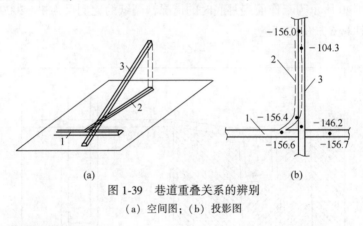

图 1-39　巷道重叠关系的辨别
(a) 空间图；(b) 投影图

1.7.3　采掘工程平面图的识读

采掘工程平面图的识读步骤如下：

(1) 看标题栏。首先看图的名称，了解这张图是什么图，用什么视图（平面图、剖面图和立体图）表示什么内容，看图的比例尺，数一数坐标方格网数，可大致了解工程巷道的尺寸。

(2) 看图例。通常在下角位有图例和符号意义，熟悉图例，看图时，才能够对图有所了解。

(3) 看煤层的走向和倾斜。判别巷道性质先看图上指北针定出方向。找到煤层等高线，煤层走向垂直等高线的方向就是煤层倾斜。

(4) 根据煤层等高线和地质构造符号，看煤层的产状、构造。根据正、逆断层在平面上的投影知识（前已叙述）判别正、逆断层。

(5) 从井口到井底车场开始，找出主要石门、水平运输大巷、主要上山、人行道、开拓方式、采煤方法、采区巷道布置、运输和通风系统等。

（6）对照平面图和剖面图，有些矿井巷道平面图较复杂，纵横交错，上下重叠，不易看出巷道位置关系，这时可以看对应的剖面图。看图时，先找出剖面线位置，然后对照相应的剖面图，就很容易认清巷道的空间位置和关系等。

1.7.4　采掘工程平面图的应用

采掘工程平面图是了解矿井情况、指挥生产和解决生产问题的重要图件，又是编制其他矿图的主要依据。

在采掘工程平面图上可以了解到矿井的开拓系统、煤层赋存条件和回采情况。同样在该图上可以求得任何一点的坐标和高程，任何两点的长度、方位和坡度，任一区域的面积。其方法和地形图一样。

采掘工程平面图除上述几种用途外，在生产矿井中还经常用于计算产量、损失量和三量（开拓储量、准备储量、回采储量），绘制巷道断面图。现分述如下。

1.7.4.1　计算煤炭产量

煤量的计算产量、损失量和三量的计算方法完全相同。现以计算产量为例，来说明其计算步骤。图 1-40 所示为工作面到月底时的情况，图纸的比例尺为 1：2000。现根据采掘工程平面图来计算 6 月份的产量。

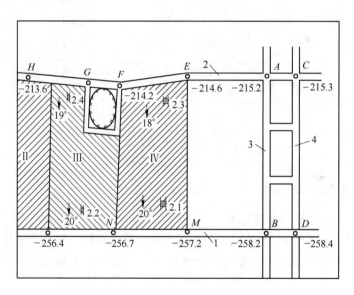

图 1-40　煤炭产量计算图

（1）计算 6 月份回采区域的水平面积 S'。用比例尺从图上量取 FE、NM、FN、EM 的水平长度后再计算 S'：

$$S' = \frac{FE + NM}{2} \times \frac{FN + EM}{2} = \frac{50 + 52}{2} \times \frac{100 + 104}{2} = 5202\text{m}^2$$

（2）计算实际回采面积 S：

$$S = S'/\cos\delta = 5202/\cos\left(\frac{18° + 20°}{2}\right) = 5502\text{m}^2$$

（3）计算回采体积 V：

$$V = S \cdot h = 5502 \times \cos\left(\frac{2.1 + 2.3}{2}\right) = 12104\text{m}^3$$

（4）计算六月份的煤炭产量 Q。煤的容量一般为 $1.4\text{t}/\text{m}^3$，则 6 月份的产量：

$$Q = \gamma \cdot V = 1.4 \times 12104 = 16946\text{t}$$

1.7.4.2 根据采掘工程平面图作沿主要石门的竖直剖面图

在井下有的主要石门多处重叠，仅仅用在平面图上的巷道关系难以分辨清楚。需要沿某方向作一竖直剖面图。此断面图的具体做法与在地形图上作断面图一样。方法是首先画一条剖面线，将不同水平的巷道与剖面线相交的点按序编号，在一水平线上分别截出各交点的位置，画一铅垂线表示出竖直面上的高程位置，分别过各交点沿铅垂线交于相应高程线上，可画出高程不一的巷道在竖直面上的位置。

1.7.4.3 根据几个煤层的采掘工程平面图作竖直剖面图

此方法的主要过程是，在几个煤层的采掘工程平面图上，沿某一方向画一条直线。根据此线与不同煤层交点的高程，可画出各煤层在竖直面上的相互关系。绘制这种图的目的，是为了了解多煤层之间及其多煤层与其巷道之间的位置关系。

1.7.5 矿图的填绘

把平时测量出的井下开拓、掘进与回采等实际资料（包括采矿地质资料）直接填绘在矿图上的过程称为填图。这张矿图称为原图，一般绘制在聚酯薄膜上；用一定的方法将原图复制一套，以用来晒印图用的称为底图（也称复制图）；用底图晒出的图称为蓝图，是各生产管理部门日常使用的图纸。

每天获得的井下所有测量资料、实际揭露的地质构造要及时填绘在采掘工程平面蓝图上。一季度（或半年）将这些资料填绘在采掘工程平面图的原图上。井田区域地形图和工业广场平面图，要根据实际地貌的变化情况进行补测。其他矿图可视情况适时填绘。

2 计算机绘图基础

2.1 CAD 基本操作

2.1.1 CAD 安装要求

2.1.1.1 安装环境

随着 AutoCAD 软件版本的不断提高，安装方式改变也较大。从文件大小上看，安装文件从 200MB 升级到 3GB；安装环境从 DOS 系统升级到 Windows 系统。

2.1.1.2 硬件要求

相应的，其硬件要求也与日俱增，现在对机器内存的要求一般为 1GB。安装时，具体软件版本会给出硬件需求，对没有三维作图需求时，即使机器硬件比所要求的稍差些，一般情况下也是可以的。

从 AutoCAD 2007 版起，不再对非专业图形卡提供特效技术支持，这对没有三维作图需求时影响不大。

具体软件安装过程每一种版本都会给出步骤、方法，此处不再详细叙述。

本书中的 CAD 插图均是 AutoCAD 2009 的界面。

2.1.1.3 显示器分辨率

现今除特殊要求外已经很少用到黑白显示器了，进一步而言 CRT 显示器也在日渐稀少，你面对的很可能是 LCD 或 LED 彩色宽屏显示器。CRT 显示器能一般使用的分辨率是 1024×768，刷新率是 85Hz，CAD 图形在此状态下显示效果较好，LCD 或 LED 要想完美显示 CAD 图形其分辨率就要设为其大分辨率。

2.1.2 CAD 初始界面

软件安装完毕后在桌面有 CAD 软件图标，双击启动。

软件启动后的界面不同版本间有很大的不同，但都可以按个人的喜好更改，图 2-1 所示是 2009 版经过改观后的界面，保持了与以往版本界面的相似性。

图中左侧的工具栏已经包括了大多数绘图工具，各个 CAD 版本之间在此处差别不大，主要变化在顶部工具栏及其组织方式上。同样的工具也有细微的差别。

左边工具栏左侧一列是绘图工具，右侧一列是修改工具。绝大多数的绘图工作都可用此两列工具完成。

关闭软件只需用鼠标点击右上角的╳，如果软件提示是否需要保存，选择不保存。

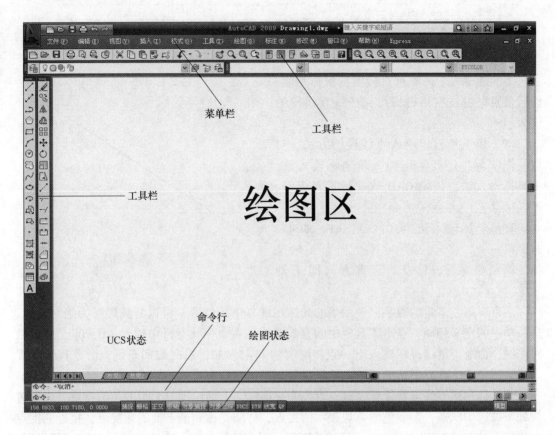

图 2-1　CAD 启动界面

2.1.3　基本绘图操作

重新启动 Auto CAD2009。

2.1.3.1　直线绘制

（1）首先，每一种绘图工具都有对应的鼠标操作法及命令行输入法，鼠标操作法直观不需要记忆命令，但能够偶尔配合使用命令输入法对绘图速度有些帮助。有些绘图工具使用中则必须使用命令输入。

用鼠标点击▱，光标在绘图区域内由图 2-2 所示的等待状态变为图 2-3 所示的等待点命令输入状态，同时命令输入行，如图 2-4 所示，此时可按下鼠标左键，完成第一点输入。屏幕显示如图 2-5 所示，此时的显示被俗称为"橡皮筋线"，等待输入下一点。

图 2-2　等待状态光标　　　　　　　　图 2-3　命令输入状态光标

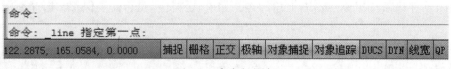

图 2-4　命令行状态

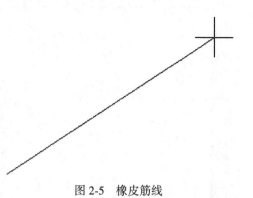

图 2-5　橡皮筋线

要继续输入下一点可直接点击鼠标左键，然后敲回车键或空格键即可完成一直线段的输入。

（2）以上是直接输入直线段的方法，对应绘图实际，还经常用到直角坐标输入法、极坐标输入法，关闭 CAD 软件后重新启动，不做保存。

直角坐标输入法格式：nX, nY，如 45, 34，第一个数字 nX 表示水平方向即 X 轴坐标，第二个数字 nY 表示竖直方向即 Y 轴坐标。

注意屏幕左下角的数字，表示当前光标在屏幕上的位置，可以将其理解为绝对坐标，与数学中的定义相同。点击工具栏中的直线功能，在命令状态行中输入"0, 0"，然后敲回车键，命令行继续提示输入下一点，继续输入 45, 30，然后敲回车键，命令行继续提示输入下一点，在此不想继续输入仍继续敲回车键，结束直线的输入。

将光标移到直线上点鼠标左键，直线变成虚线，上面出现三个带颜色的方块，表示直线处于被选中状态，带颜色的方块表示捕捉点，移动光标到最上面的捕捉点，接近捕捉点时光标会被"吸"到捕捉点上，这就是磁吸。观察坐标数字，变成"45, 30"。屏幕显示如图 2-6 所示。

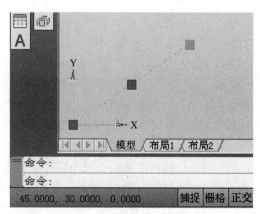

图 2-6　直角坐标输入

（3）极坐标输入法格式：$d<a$，d 表示极轴长度，极轴起点是直角坐标中的（0, 0）点，a 表示水平向右方向逆时针转到极轴的角度，值在 0°~±180° 区间（关闭软件后重新启动，不做保存）。点击工具栏中的直线功能，输入"50<46d"，结果如图 2-7 所示。

大多数情况下，并不需要（0, 0）点作起点，这就需要相对坐标输入法。相对坐标

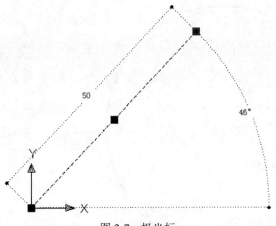

图 2-7 极坐标

输入法仅仅是在以上两种输入方式前加"@",如@45,30、@50<46,起始点的输入则是在屏幕绘图区域上任意点一下即可,以此点作为"0,0"点,后续点输入的参数是相对于第一点而言,继续按此格式输入第三点,则后续点输入的参数是相对于第二点而言,以此类推,直至输入结束。在使用相对坐标时,绘图区域左下角的坐标 UCS 有变化,如图 2-8 和图 2-9 所示。绝大多数情况下,图 2-9 所示的 UCS 经常见到。

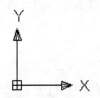

图 2-8 绝对 0,0 点在绘图区域中

图 2-9 绝对 0,0 点不在绘图区域中

还有一种参考点方法绘制直线,以后会提到。

关闭软件后重新启动,不做保存。

2.1.3.2 圆的绘制

(1) 首先点击 ⊚,命令行提示"_ circle 指定圆的圆心或 [三点 (3P) /两点 (2P)/切点、切点、半径 (T)]指定圆心",在绘图区内任意点鼠标左键,然后拖动鼠标,绘图区域如图 2-10 所示,极轴后的数字表示当前圆半径。再点一次鼠标左键,当前圆绘制结束。如果圆看起来像椭圆,将显示器分辨率设成其支持的最大分辨率。

关闭软件后重新启动,不做保存。

(2) 以上是任意圆的画法,精确定义一圆时,重复以上画法的第一步,在绘图区内任意点鼠标左键,注意命令行变为"指定圆的半径或 [直径 (D)]:",此时输入 10,然后敲回车键,半径为 10 的圆就输入完毕。

关闭软件后重新启动,不做保存。

(3) 再来一遍,在命令行变为"指定圆的半径或 [直径 (D)]:"时输入"d",命令行显示"指定圆的半径或 [直径 (D)] <80.9522>:d 指定圆的直径 <161.9044>:*取消

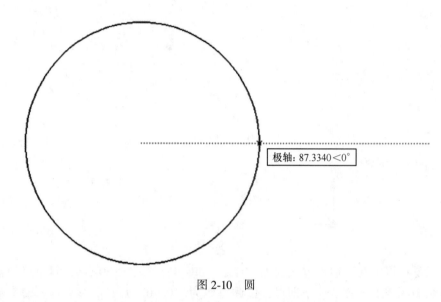

极轴: 87.3340<0°

图 2-10　圆

*"，此时输入 10，然后敲回车键，直径为 10 的圆就输入完毕。

命令行中出现的数字，是上次任意或精确画圆时定义的值，不用理会。在第一步中，命令行中的"〔三点（3P）/两点（2P）/切点、切点、半径（T）〕"是根据圆的几何定义来画圆：不在同一直线上的三点确定一圆；给定直径，可确定一圆；给定两条直线和圆半径，可确定一圆。在以后绘图中会进行介绍。

2.1.3.3　绘图区域调整

以上在绘图过程中，如果定义一圆时，绘图区有时显示的圆会过大或过小，观察很不方便，这就需要进行绘图区域的调整，而且这些调整在以后绘图中经常用到。

（1）放大、缩小操作。当图形相对于绘图区域过大、过小时可利用鼠标实现即时缩放。现今鼠标大多数都配有滚轮，其在绘图过程中作用十分明显，使用规则如下。

向上滚动滚轮，在绘图区域内以光标为中心放大图形；向下滚动滚轮，在绘图区域内以光标为中心缩小图形。按此原则，在绘图区域内靠边任意画一圆形，不要太大，将光标放在圆的旁边，进行放大操作，可将圆"挤"到绘图区域中央，然后将光标放在圆中央进行放大缩小操作。

（2）移动操作。在水平工具栏上寻找 ，点击鼠标左键，在绘图区域中光标变为 形，此时按住鼠标左键并随意移动，绘图区域内的圆也会随之移动。

再用一种简单的方法，在绘图区域中直接按住鼠标滚轮，光标也变为 形，起到一样的效果。

注意：在移动过程中，左下角的坐标值不变，UCS 随着图形一起移动，把绘图区域想成一张图纸，移动相当于移动"图纸"。

（3）区域缩放。关闭软件后重新启动，不做保存。重新定义一圆，半径 2000，绘图区域内看不到圆，通过上述的两种方法看到圆十分困难，这种"找不到图哪去了"的情况在以后绘图过程中经常会遇到。

观察图 2-11，有一较特别的工具（方框中），带一小箭头，表示此工具有多个选项，将鼠标移到此工具选项上，鼠标光标变为空心箭头，空心箭头对准工具选项上的小箭头，单击鼠标左键不放开，展开工具如图 2-12 所示。

图 2-11 区域缩放

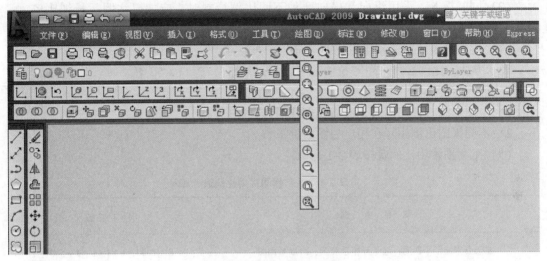

图 2-12 区域缩放选项

移动鼠标到此列的最后一工具选项后松开鼠标，绘图区域内出现刚才定义的半径为 2000 的圆。注意图 2-13 方框中的工具选项，变成了范围缩放。

图 2-13 区域范围缩放

2.2 采矿图绘制基础

2.2.1 基本规定

2.2.1.1 图纸的规定

（1）图纸应首先考虑视图简便，在符合各咨询和各设计阶段内容深度要求前提下，力求制图简明、清晰、易懂。

（2）工程咨询和设计图纸的度量单位，无论图面上和图中的文字说明，均应以法（规）定的计量单位表示。

（3）应根据不同咨询设计阶段、不同设计专业要求，采用适当的规格和比例的图纸；图面布局要合理，图面表达设计内容、要求应完整、简明，图形投影正确；图中数字、文字、符号表示准确，各种线条粗细符合本标准规定。

2.2.1.2　比例

（1）图纸必须按比例绘制，不能按比例绘制时，要加以说明。

（2）应适当选取制图比例，使图面布局合理、美观、清晰、紧凑，制图比例宜按 1：（1，2，5）×10n系列选用，特殊情况时可取其间比例。

（3）同一视图，采用纵向和横向两种不同比例绘制时，应加以注明；长细比较大，且不需要详细标注的视图，可不按比例绘制。

（4）比例的表示方法和注写位置应符合下列规定。

表示方法：比例必须采用阿拉伯数字表示，例如 1：2，1：50 等。

注写位置：

1）全图只有一种比例时，应将比例注写在标题栏内。

2）不同视图比例注写在相应视图名的下方。

（5）工程图常用比例宜按表 2-1 选取。

表 2-1　采矿制图常用比例表

图　纸　类　别	常　用　比　例
露天开采终了平面图，地下开拓系统图，阶段平面图	1：2000，1：1000，1：500
竖井全貌图、采矿方法图、井底车场图	1：200，1：100
硐室图、巷道断面图	1：50，1：30，1：20
部件及大样图	1：20，1：10，1：5，1：2，1：1，2：1

2.2.1.3　文字与数字

（1）图纸中的各种文字体（汉字和外文）、各种符号、字母代号、各种尺寸数字等的大小（号数），应根据不同图纸的图面、表格、标注、说明、附注等的功能表示需要，可选择采用计算机文字输入统一标准中的一种和（或）几种。但要求排列整齐、间隔均匀、布局清晰。

（2）图纸中的汉字应采用国家正式公布推广的简化字，不得用错别字（尤其是同音错别字）、生造字。

（3）拉丁字母、希腊字母或阿拉伯数字，如需写成斜体字时，其斜度应与水平上倾 75°。

（4）图纸中表示数量的数字，应采用阿拉伯数字表示。

2.2.1.4　字母与符号

常用技术术语字母符号宜参照表 2-2 的规定执行。

表 2-2　常用技术术语字母符号

名　称	符号	名　称	符号	名　称	符号
度量、面积、体积		质　量		时　间	
长度	L、l	质量	m	时间	T、t
宽度	B、b	重量	G、g	支护与掘进	
高度或深度	H、h	比重	γ	巷道壁厚	T
厚度	δ、d	力		巷道拱厚	d_0
半径	R、r	力矩	M	充填厚	δ
直径	D、d	集中动荷载	T	掘进速度	v
切线长	T	加速度	a	其他物理量	
眼间距	a	重力加速度	g	转数	n
排距	b	均布动荷载	F	线速度	v
最小抵抗线	W	集中静荷载	P	风压	H、h
坡度	i	均布静荷载	Q	风量	Q
角度	α、β、θ	垂直力	N	风速度	V
面积	S	水平力	H	涌水量	Q、q
净面积	S_J	支座反力	R	岩（矿）石硬度系数	f
掘进面积	S_M	剪力	Q	摩擦角、安息角	φ
通风面积	S_t	切向应力	τ	松散系数	k
体积	V、v	制动力	T	巷道通风摩擦系数	α
坐　标		摩擦力	F	渗透系数、安全系数	K
经距	Y	摩擦系数	μ、f	动力系数	K
纬距	X	温　度		弹性模量	E
标高	Z	温度	t	惯性矩	I
比例	M	华氏	$^\circ\text{F}$	截面系数	W
方位角	α	摄氏	$^\circ\text{C}$	压强	P

2.2.1.5　数值精度

（1）数值精度应按表 2-3 规定执行。

表 2-3　数值精度表

序号	量的名称	单　位	计算数值到小数点后位数
1	巷道长度	m；mm	2；0
2	掘进体积	m^3	2
3	矿石量	t；万吨	2；2

序号	量的名称	单　位	计算数值到 小数点后位数
4	金属	kg；t；carat	2；2；2
5	一般金属品位	%	2
6	贵金属、稀有金属品位	g/t	4
7	废石量	m^3；万立方米	2；2
8	木材	m^3	单耗 2，总量 0
9	钢材	kg 或 t	单耗 2，总量 0
10	混凝土	m^3	单耗 2，总量 0
11	支架	架	0
12	锚杆	根或套	0
13	水沟盖板	块	0
14	掘采比	m/万吨或 m/千吨	1
		m^3/万吨或 m^3/千吨	1
15	剥采比	t/t	1
		m^3/m^3	1
		m^3/t	1

注：1carat（克拉）= 200mg。

（2）计算中间的过程数值，精确到小数点后比结果数值多 1 位，然后，其尾数采用四舍五入得计算结果数值。

2.2.2　图形及画法

2.2.2.1　投影及视图

（1）设计图纸应准确表达设计意图，一般只画出设计对象的可见部分，必要时也可画出不可见部分。可见部分用实线，不可见部分用虚线表示。

（2）视图应按正投影法绘制，并采用第一角画法；图纸视图的布置关系如图 2-14 所示。采矿方法图、竖井工程图、巷道交岔点图等需用三视图表示时，正视图一般放在图幅的左上方，俯视图放在正视图的下方，侧视图放在正视图的右方。

（3）有坐标网的图纸，正北方向应指向图纸的上方；特殊情况可例外，但图上需标有指北针。

（4）剖视图在剖切面的起讫处和转折处的剖切线用断开线表示，其起讫处不应与图形的轮廓线相交，并不得穿过尺寸数字和标题。在剖切线的起讫处必须画出箭头表示投影方向，并用罗马数字编号，如图 2-15 所示。

（5）当图形的某些部分需要详细表示时，可画局部放大图，放大部分用细实线引出并编号，如图 2-16 所示，放大图应放在原图附近，并保持原图的投影方向。

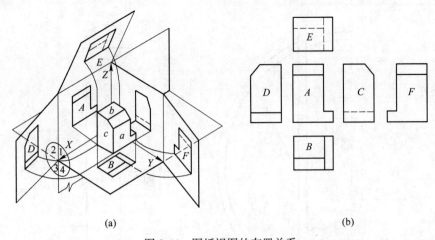

图 2-14 图纸视图的布置关系

(a) 正投影法的第一角画法投影面的展开；(b) 视图布置

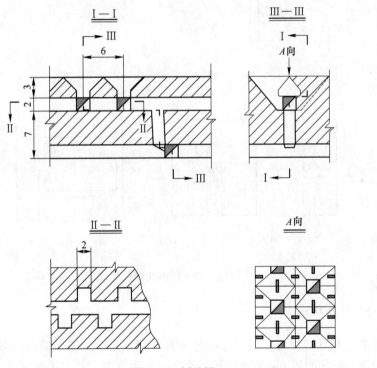

图 2-15 剖示图

（6）采用折断线形式只绘出部分图形时，折断线应通过剖切处的最外轮廓线，如图2-17所示，带坐标网的图样不得用折断线画法。

（7）通风系统图、开拓系统图及复杂的采矿方法图，用正投影画法不能充分表达设计意图时，可采用轴侧投影图或示意图表示，轴侧投影图中表示巷道时用二条或三条线均可。

（8）倾斜、缓倾斜、水平薄矿体的开拓系统图、采准布置图应按俯视图绘制；斜井岔口放大图应用垂直倾斜面的视图画出。

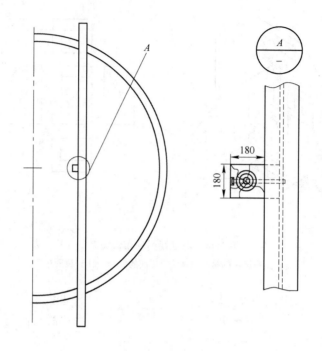

图 2-16 放大图

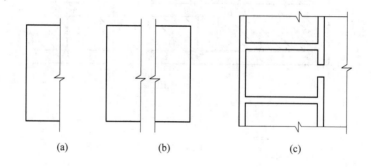

     (a)   (b)   (c)

图 2-17 折断线画法

2. 2. 2. 2 尺寸标注

（1）图样的尺寸应以标注的尺寸数值为准，同一尺寸一般只标注一次，并应标注在表示该结构最清晰的图形上；对表达设计意图没有意义的尺寸，不应标注。

（2）图中所标尺寸，标高必须以 m 为单位，其他尺寸以 mm 为单位。当采用其他单位时应在图样中注明。

（3）尺寸线与尺寸界线应用细实线绘制。尺寸线起止符号可用箭头、圆点、短斜线绘制，同一张工程图中，一般宜采用一种起止符号形式，当采用箭头位置不够时，可用圆点或斜线代替，半径、直径、角度和弧度的尺寸起止符宜用箭头表示。

（4）水平尺寸线数字应标注在尺寸线的上方中部，垂直方向尺寸线数字应标在尺寸线的左侧中部，当尺寸线较密时，最外边的尺寸数字可标于尺寸线外侧，中部尺寸数字可将相邻的数字标注于尺寸线的上下或左右两边，如图 2-18 所示。

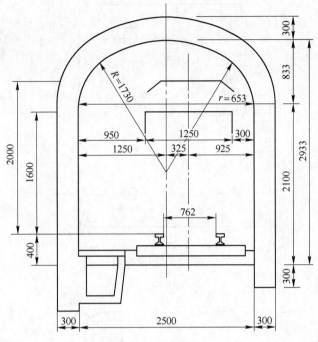

图 2-18 标注样式一

（5）尺寸界线应超出尺寸线，并保持一致。

（6）在标注线性尺寸时，尺寸线必须与所需标注的线段平行。尺寸界线应与尺寸线垂直，当尺寸界线过于贴近轮廓线时，允许倾斜划出，如图 2-19 所示。

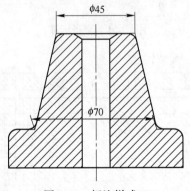

图 2-19 标注样式二

（7）当用折断方法表示视图、剖视、剖面时，尺寸也应完全画出，尺寸数字应按未折断前的尺寸标注。如果视图、剖视或剖面只画到对称轴线或断裂部分处，则尺寸线应画过对称线或断裂线，而箭头只需画在有尺寸界线的一端，如图 2-20 所示。

（8）标注圆的直径和圆的半径时，按图 2-21 标注。表示半径、直径、球面、弧时，应在数字前加"R（r）"、"ϕ（D）"、"球 R"、"⌒"。

（9）凡要素相同，距离相等时，尺寸标注可按图 2-22 表示。

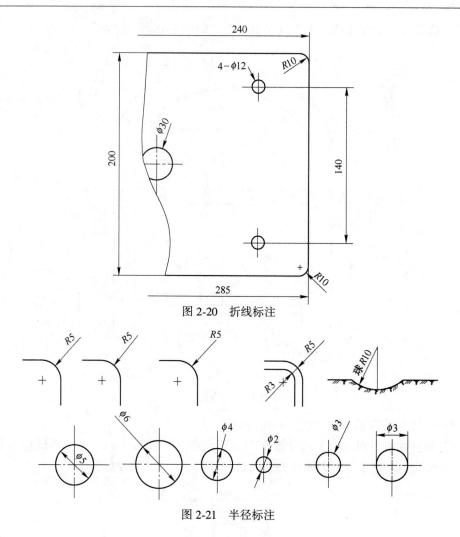

图 2-20 折线标注

图 2-21 半径标注

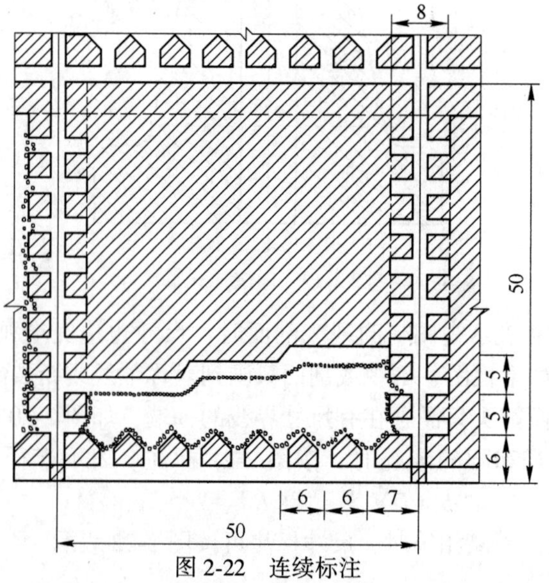

图 2-22 连续标注

（10）采矿图上表示巷道、路堑、水沟坡度时，应将标注坡度的箭头指向下坡方向，箭头上方标注坡度的数值，变坡处应标出变坡的界限。如图 2-23 所示。

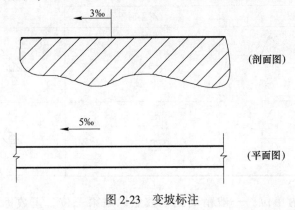

图 2-23 变坡标注

（11）表示斜度或锥度时，其斜度与锥度的数字应标注在斜度线上。如图 2-24 所示。

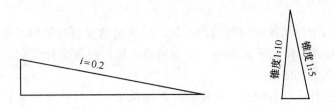

图 2-24 斜度、锥度标注

巷道轨道曲线段的标注方法一般如图 2-25（a）表示，露天铁路曲线段的标注方法一般如图 2-25（b）所示，公路曲线段的标注方法一般如图 2-25（c）所示。

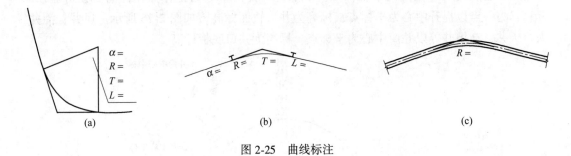

图 2-25 曲线标注

2.2.2.3 标高

（1）采矿标高一般应标注绝对标高，标注相对标高时，应注明与绝对标高的关系。

（2）标高符号标注于水平线上，其数字表示该水平线段的标高；标高符号标注于倾斜线上，表示该线段上该点的标高。标注于平面图整个区段上的标高，标高符号采用两侧成 45°（30°）的倒三角形。标高符号空白的表示相对标高，涂黑的表示绝对标高。标高符号及标注方法见表 2-4。

表 2-4　标高符号

类别	立 面 图		平面图
	一般	必要时	
相对 标高	45°		0～45°
绝对 标高	45°		0～45°

（3）标高以 m 为单位，一般精确到小数点以后第三位。正数标高数值前不必冠以"+"号，负数标高数值前应冠以"–"号，零点处标高标注为±0.000。

2.2.2.4　方向与坐标

（1）绘制带有坐标网及勘探线的图纸时，应准确地按原始资料绘出，相邻勘探线或坐标网格之间的误差不得大于 0.5mm。坐标网格也可用纵横坐标线交叉的大"十"字代替，大"十"字线为细实线。

（2）坐标值、标高、方向等，应根据计算结果填写。计算坐标过程中，角度精确到秒，角度函数值一般精确到小数点后 6~8 位。计算结果的坐标值以米为单位，精确到小数点后 3 位。

（3）除井（硐）口及简单图纸外，坐标值一般不直接标注在图线上，应填入图旁的坐标表中，如坐标点多，占用图幅面积大时，可另用图纸附坐标表。

（4）提升竖井应给定两个坐标点：一点是以井筒中心为坐标点，标高为锁口盘顶面标高；另一点以提升中心为坐标点，标高为井口轨面标高，如图 2-26 所示。风井、溜井、人行天井、充填井等以井筒中心为坐标点，标高为井口底板标高。

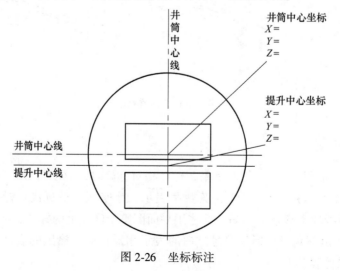

图 2-26　坐标标注

（5）提升斜井井口应给出两个坐标点：提升中心坐标点和井筒中心坐标点。提升中心为井筒提升中心线轨面竖曲线两条切线的交点，其标高为水平切线标高。井筒中心为斜井底板中心线与底板水平线交点，标高为井口底板标高，如图 2-27 所示。

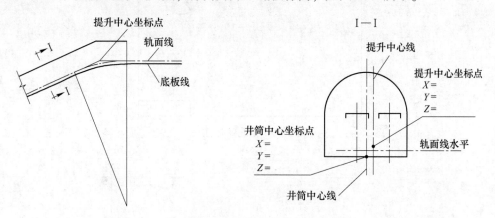

图 2-27　斜井坐标标注

（6）不铺轨斜井，如风井、人行井等，以斜井井筒底板中心线与井口地面水平线交点为井口坐标点。

（7）有轨运输平硐在硐口轨面中心线上设坐标点，标高为轨面标高，如图 2-28 所示。无轨平硐在硐口中心线上设坐标点，标高为底板或路面标高。

（8）施工图中交岔点处坐标点，只标注岔心点及分岔后切线与直线的交点的坐标，如图 2-29 中的①、②点。

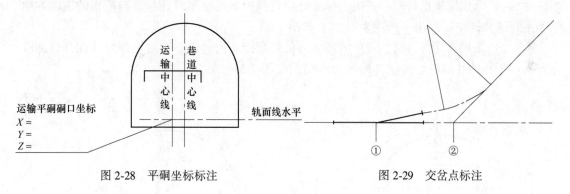

图 2-28　平硐坐标标注　　　　　　图 2-29　交岔点标注

（9）凡是与方向有关的采矿及井建工程图都必须标注指北针，如井筒断面图，马头门平面图、井底车场图、阶段平面图、坑内外复合平面图、露天开采设计平面图等。地下和露天开采平面图指北针标注在图纸中右上角，如图 2-30 所示。表示井筒、马头门及车场方位的指北针用箭头所示，如图 2-31 所示。

（10）线段方位角是指自子午线北端沿顺时针方向与该线段夹角，数值为 0°~360°。线段方向角是指由子午线较近的一端（北端或南端）起至该线段的夹角，数值为 0°~90°，标注方法为：北偏东 60°写为 N60°E，南偏西 30°写为 S30°W。线段的方位角及方向角如图 2-32 所示。

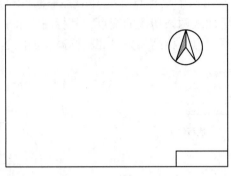

图 2-30　指北针标注一

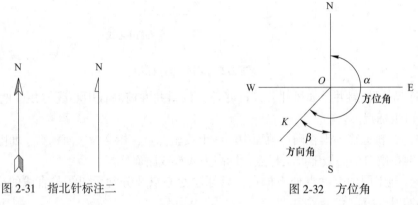

图 2-31　指北针标注二

图 2-32　方位角

（11）采用罐笼提升时，井筒出车的方位角系指北向起顺时针量至与矿车的出车方向相平行的井筒中心线止（标注为××°），如图 2-33 所示。

（12）采用箕斗提升时，井筒的卸载方位角系指北向起顺时针量至与箕斗在井口卸载方向相平行的井筒中心线止（标注为××°），如图 2-34 所示。

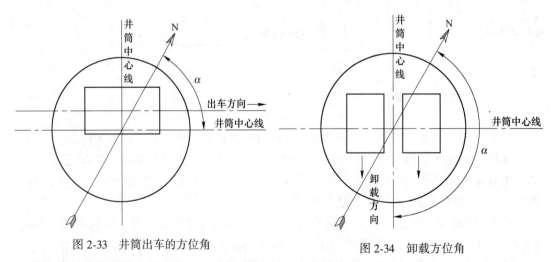

图 2-33　井筒出车的方位角

图 2-34　卸载方位角

（13）采用罐笼和箕斗混合井提升时，井筒方位角以罐笼出车方向为准，指北向起顺时针量至与罐笼出车方向相平行的井筒中心线止，如图 2-35 所示。

（14）无提升设备时，井筒方位角的标定必须在图上注明，如图 2-36 所示。

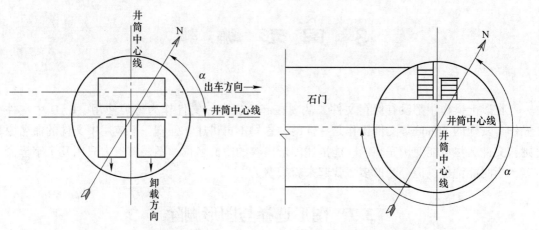

图 2-35　井筒方位角　　　　　　　　图 2-36　无提升设备井筒方位角

（15）斜井及平硐方位角系指北向起沿顺时针量至延深方向中心线止，以 0°～360° 表示，如图 2-37 所示。方向角指北（或南）向起量至延深方向中心线止，以 N××°E、N× ×°W、S××°E、S××°W 表示。如图 2-37 所示。

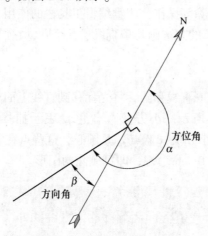

图 2-37　斜井及平硐方位角

3 图 形 编 辑

在以上操作中都没有保存文件，从现在起要保存一文件作为练习使用。CAD 中文件操作与其他的 Windows 文件操作是一样的，这里不再讲述。强调一下应用中文件的命名原则：文件名尽可能使用完整的、能描述图形内容的中文名称，不要图省力只用几个字母命名，当时能记住，但等图形多了找起来就很费力。

3.1 图形选择与图形删除

3.1.1 建立例图

上一章中绘图区域中只有一条直线或一个圆，从现在起要有多个图形组合成一整体，并进行选择、删除、局部删除等操作，侧重编辑工具栏的使用。

启动 CAD 后，按前一章的方法画几条直线、几个圆，它们可以相互重叠。

3.1.2 选择与删除方法

方法一：选择其中的任一直线和圆，将光标移到直线上面点鼠标左键，然后同样方法选择圆，绘图区域如图 3-1 所示。小方块（蓝色）表示捕捉点，直线上中间的小方块（蓝点）是中点，圆上中心小方块（蓝点）是圆心，这些点在特定操作中很有用。删除这两个图形可以用键盘上的"Delete"键，即可删除两图形。

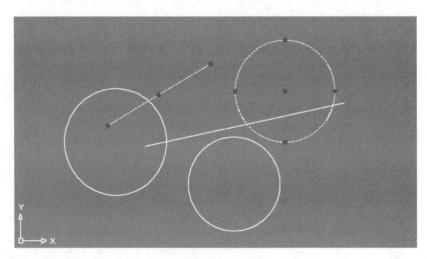

图 3-1　鼠标选取

方法二：用鼠标在左侧工具栏选取 ，光标变成小方块，表示目标选取状态，将小方块放到一个直线上点击鼠标左键，直线变为虚线，同样再选取一个圆，绘图区如图 3-2 所示，此时敲键盘上的回车键或空格键或点鼠标右键弹出的菜单中的确认选项，都可表示确认操作删除图形。

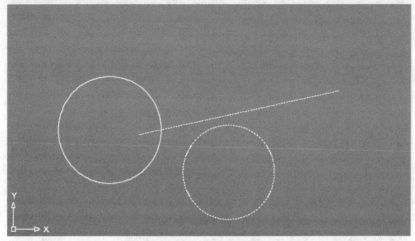

图 3-2　工具栏选取

以上是单个选择图形删除，有时需要将绘图区域内所显示的图形一次删除，可进行如下操作。

先通过 ⤺·⤻· 回退功能返回到删除操作之前的状态，在绘图区域左上方按住鼠标左键，向右下方移动鼠标，会有一个选区框出现，如图 3-3 所示。

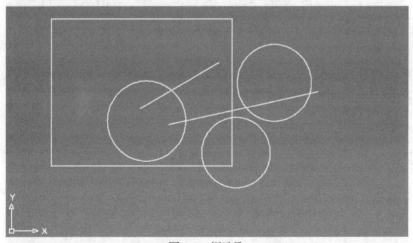

图 3-3　框选取

注意选取框内有一条直线和一个圆完全进入了选取框内，松开鼠标，绘图区域如图 3-4 所示，完全进入选取框内的两个图形被选中，此时可以用键盘进行删除操作，但不想进行删除操作则按键盘上的“Esc”键，小方块（蓝色捕捉点）消失。任何时候想退出 CAD 当前操作都可以按键盘上的“Esc”键。

换一种选择顺序，这次按住鼠标左键从右下角向左上角选择，选取框如图 3-5 所示。注意，仅有一个圆完全进入选取框，余下的图形都是部分进入选取框。

松开鼠标后，绘图区域显示如图 3-6 所示。

所有绘图区域内显示的图形都被选中，可以一次全部删除。

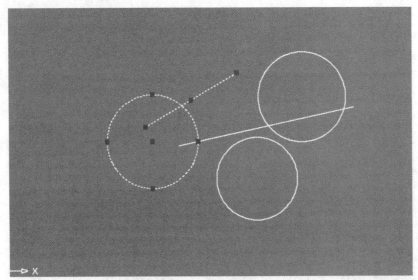

图 3-4   部分选取

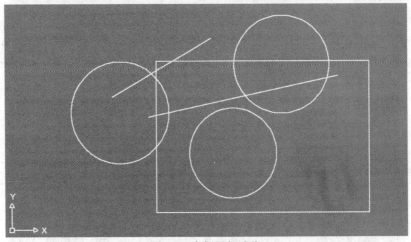

图 3-5   右侧局部选取

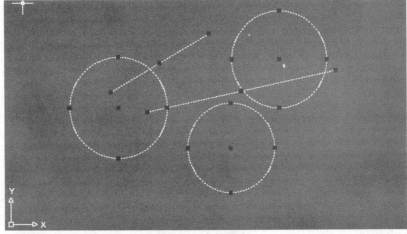

图 3-6   全部选取

　　通过以上操作总结出以下规律：从左向右拖动鼠标做出的选取框是只选中完全进入框中的图形，从右向左拖动鼠标做出的选取框是只要图形的一部分进入即可选中图形。

　　按照同样原则用鼠标在左侧工具栏选取 ✐，重复一边选取框的操作方式。

　　以上操作完成后再通过 ↶·↷· 回退功能回到图 3-1 所示状态，将光标放在绘图区域中心，进行放大操作到一部分图形不再绘图区域显示，如图 3-7 所示。图形元素不完全显示，如果想一次清除全部图形则在左侧工具栏选取 ✐，命令行内输入 all，如图 3-8 所示，敲击回车键后全部图形变成虚线，再敲一次回车键图形全部消失，使用范围缩放验证一下，将会看不到任何图形。

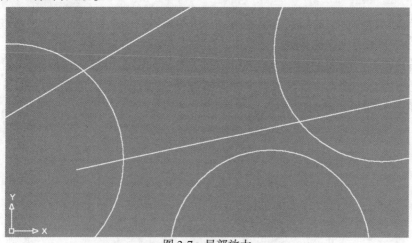

图 3-7　局部放大

图 3-8　命令输入

　　关闭当前 CAD 文件，提示保存时命名为"练习"保存到默认路径，如图 3-9 所示。

图 3-9　图形保存

3.2　复杂编辑命令

实际绘图过程中经常使用多种图形的组合来达到绘图效果，作图过程中产生很多辅助线，最后去除这些辅助线要用到打断、延长等操作。图形特别复杂时，就像装配零件一样先画好几个局部图形再"装配"到一起，需用到移动、复制、旋转等编辑命令。

3.2.1　点捕捉设置

上一节提到过图形上的捕捉点很有用，常用的编辑命令都要用到这些参考点，为了统一，先介绍一下如何设置这些点。

在屏幕底部的"对象捕捉"上点鼠标右键，弹出如图 3-10 所示选取条，依次将端点、中点、圆心、节点、交点、垂足选中。如果不方便选取，可用鼠标左键点击图 3-10 所示的设置，在图 3-11 所示界面内选取。

图 3-10　对象捕捉选取条

3.2.2　移动

打开新建的文件"练习"，在绘图区域内任意画两个不同的圆，将两个圆的圆心重合在一起，具体操作如下。

选取左侧工具栏内 ✛ 移动功能，光标变为目标选择状态的小方块，命令行提示"选择对象"，将小方块放在大圆的边界上按下鼠标左键，大圆变为虚线，光标变为"十"字形，确认后命令行提示如下："指定基点或 [位移（D）] <位移>：＊取消＊"。"位移"实际中很少用到，"基点"指定则十分重要，这里我们要使用圆心作基点，移动光标到圆的圆心，快接近时出现圆心提示，如图 3-12 所示。

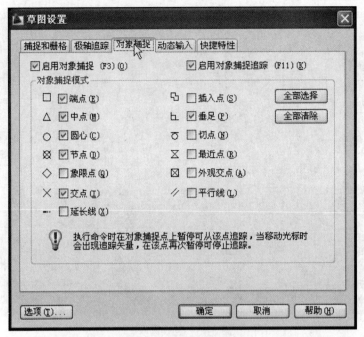

图 3-11　对象捕捉设置

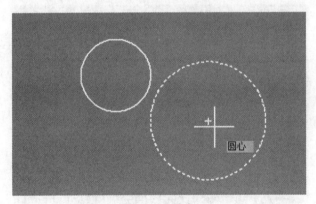

图 3-12　基点

　　将光标移到圆心标记上，不等到精确对准，光标会被"磁吸上去"，点击鼠左键，出现图 3-13 所示的随鼠标移动的新圆，底圆变成虚线。移动新圆到小圆圆心附近，同样小圆也产生圆心标记，捕捉到后点鼠标左键，完成移动操作。结果如图 3-14 所示。

　　保存文件，退出。

3.2.3　复制

　　双击保存过的文件"练习"，打开文件后绘图区域显示的情况同上次保存时一样，使用鼠标滚轮缩小图形并平移，将圆环移至绘图区域边缘。在左侧工具栏上选取 🖢 复制功能，光标变成目标选择状态，命令行提示"选择对象"，同时选取两个圆，选取后两圆变成虚线，回车确认。命令行提示"指定基点或［位移（D）/模式（O）］<位移>:"，这同移动命令有些相似，这里我们按类似移动的方式操作，先选取圆环的中心，确认后也产

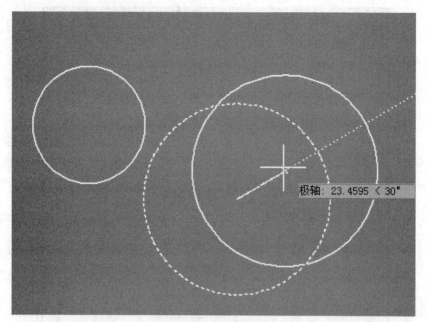

图 3-13 位置选取

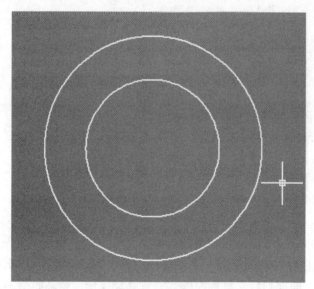

图 3-14 移动结果

生随十字光标移动的圆环，如图 3-15 所示，此时按下鼠标左键，屏幕上产生一新圆环，同时仍有一圆环伴随光标移动，这是与移动操作不同的地方。继续在绘图区域按鼠标左键，可复制出如图 3-16 所示的很多圆环。

命令行提示"指定基点或［位移（D）/模式（O）］<位移>："中的"模式（O）"指想复制一次还是多次，并从中进行选择。

关闭文件，并保存。

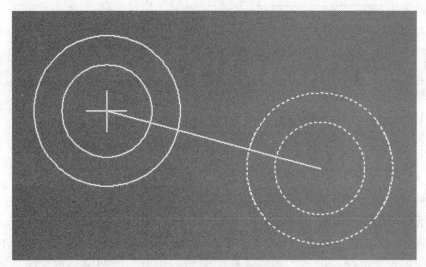

图 3-15 十字光标移动

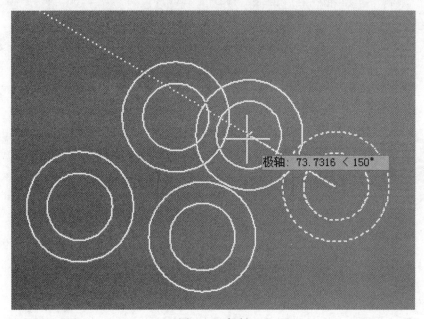

图 3-16 复制

3.2.4 修剪

作图过程中经常用到辅助线，事后辅助线不能全部保留或只能部分保留，不能全部保留的辅助线按上节操作方法很容易去除，去除局部图形的辅助线则需要用到修剪功能。

修剪功能在左侧工具栏 ✂，此功能是 CAD 中使用最频繁的编辑命令。

重新打开一个 CAD 文件，在绘图区域中画两正交的直线，水平直线命名为 A，竖直直线命名为 B，如图 3-17 所示。先不用考虑在绘图区域中如何写字，记住两条直线定义即可。

现在以 A 直线为准，除去 B 直线在 A 直线以上的部分。

用鼠标点击修剪工具后（不要理会命令行提示，如果按提示去做会十分复杂）光标变为目标选取模式的小方块，选取 A 直线后进行确认操作，再选取 B 直线在 A 直线以上部分，一旦点鼠标左键确认，B 直线在 A 直线以上部分即可清除。此时仍处于目标选取状态，继续选取 B 直线在 A 直线以下部分，会看到不能清除 B 直线在 A 直线以下部分，这是因为 B 直线没有"穿过" A 直线，继续选取 A 直线在 B 直线右面部分，可看到清除成功，继续清除剩余部分的 A 直线和 B 直线，会

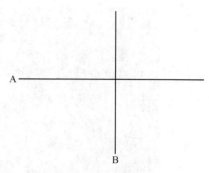

图 3-17　两正交直线 A、B

发现都不能再清除了，因为 A 直线和 B 直线已经没有穿越关系。

上述操作较繁琐，下面用一种简便方法，打开保存过的名为"练习"的文件，在绘图区域仅保留一个圆环，余下的清除。移动中间的小圆，使两圆形成交叉，如图 3-18 所示。

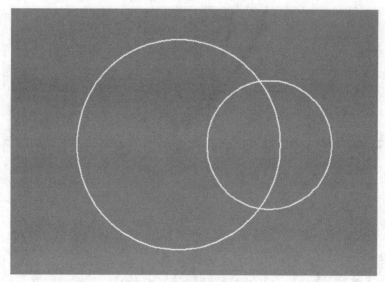

图 3-18　图形部分清除

现在想除去大圆中包含的小圆部分，选取修剪工具，在光标变成目标选取模式后进行确认操作，直接选取小圆在大圆内的部分，清除成功后继续选取大圆原在小圆内的部分，图形变为图 3-19 所示。

此简便操作总结如下：选取修剪功能后即进行确认操作，然后想"剪"哪里就选哪里。

3.2.5　参考点绘制图形

选取直线功能后，按命令行提示指定第一点，选择一个圆的圆心，然后继续选择另一个圆的圆心，确认后完成直线绘制。

这种方法不同于任意绘制直线，也不同于坐标输入法绘制直线，在综合绘图过程中，

图形之间都不是孤立的，大多数图形都是通过参考已有图形的捕捉点绘制完成，这就是参考点绘图。

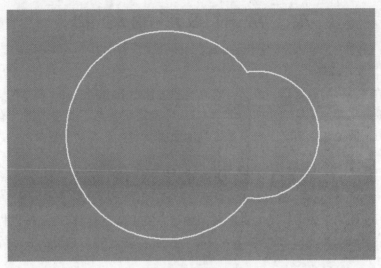

图 3-19 图形合并

4 常用图形的绘制

上一章学过了移动、复制、修剪，实际绘图过程中上述三个命令最常用，在以下学习过程中还会接触到其他工具的使用，学习 CAD 经验之一就是不要一次把所有工具都全学一遍再去绘图，而是在绘图之中去学习工具的使用。

4.1 绘制三心拱巷道断面

在井巷工程课程中会讲到三心拱的几何画法，在 CAD 中同样也是按同样的几何规律作图，下面绘制一个巷道宽 3m，墙高 1.8m，全高 2.8m 的 3 : 1 三心拱。新建一个 CAD 文件。

4.1.1 墙体、矩形绘制

墙体部分比较简单，只是一个矩形，在左侧工具栏中选择 □ 矩形工具，命令行提示"指定第一个角点或 [倒角（C）/标高（E）/圆角（F）/厚度（T）/宽度（W）]:"，光标变为十字，按默认操作直接指定第一个角点，在绘图区域合适地方点击鼠标左键，命令提示行显示"指定另一个角点或 [面积（A）/尺寸（D）/旋转（R）]:"，使用相对坐标输入法在命令行中输入"@3, 1.8"，绘图区域会产生一个矩形，通常这个矩形看起来很小，通过绘图区域调节方法使矩形变大并处在屏幕中央。

4.1.2 分解

正方形部分已经画好，下一步是画拱形，拱高是 1m，一个竖直方向长 1m 的直线可以直接选取直线功能，用相对坐标"@0, 1"完成，但有时巷道宽度数值不能被 3 整除，如巷道宽 2.2m 时，如果输入"@0, 0.733"就错了。下面就用 CAD 作图方法得到 1m 长的直线。

先将巷道宽三等分（如果是 4 : 1 的三心拱就 4 等分），具体操作如下。

屏幕上的矩形现在是一个整体，将光标移到矩形上点鼠标左键，屏幕显示如图 4-1 所示，然后退出当前选择。

在左侧工具栏上选取分解功能 ￼ 后，再选取矩形，然后确认。再次用光标选定矩形，这次用鼠标选取矩形上面的长边，显示如图 4-2 所示。

4.1.3 点样式设定

此时的矩形已不再是一个整体，下面将这条选定的直线三等分。先定义一下点样式，对每一个新打开的文件如果需要都得重新定义点样式。

选取菜单栏上的："格式—点样式"，如图 4-3 所示，之后出现图 4-4 所示对话框。

图 4-1   选择整个矩形

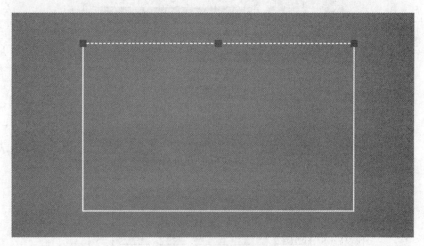

图 4-2   矩形分解

选择"斜十字",图 4-4 中黑色部分,具体样式根据个人喜好决定,其他样式也可以,点确定按钮后关闭对话框。

在菜单栏上选择"绘图—点—定数等分",如图 4-5 所示。

光标变成目标选取模式,选择上面的长边,长边变成虚线。命令提示行显示"输入线段数目或［块(B)］:",输入 3,结果如图 4-6 所示,这样就完成三等分,任一小段直线都符合要求。

4.1.4 极轴、对象捕捉、对象追踪

4.1.4.1 几何方法

在工具栏上选取圆形功能,命令行提示"指定圆的圆心或［三点(3P)/两点(2P)/切点、切点、半径(T)］:",选取被等分直线的端点作圆心,以到第一等分节点为半径作圆,结果如图 4-7 所示。

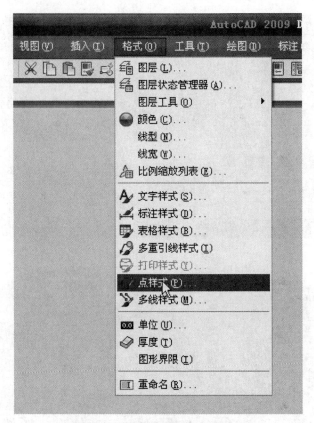

图 4-3　在菜单中调出点样式

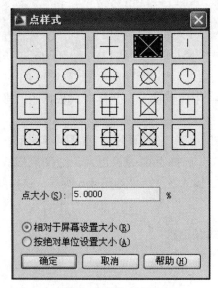

图 4-4　点样式选择

移动圆到被等分直线中点，如图 4-8 所示。

从圆心向上作一竖直线于圆相交，如图 4-9 所示。

最后得到的就是所需要的长 1m 的直线。

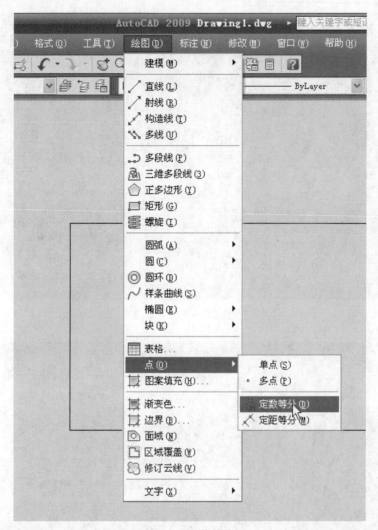

图 4-5 定数等分

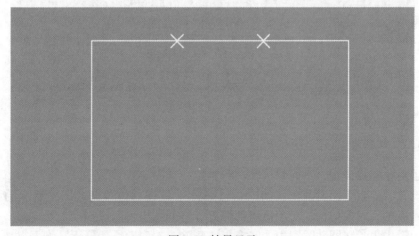

图 4-6 结果显示

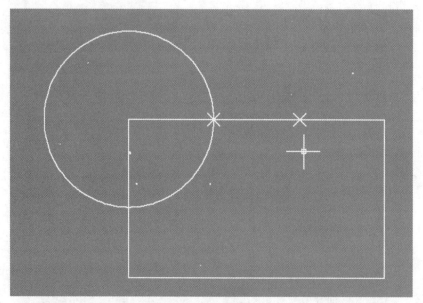

图 4-7　节点绘图

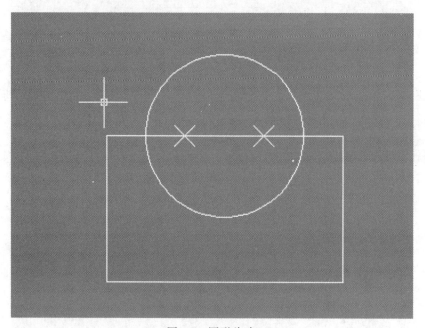

图 4-8　图形移动

4.1.4.2　极轴法

学过了对象捕捉设置，下面对极轴进行设置，如图 4-10 所示。

选取设置，弹出下面对话框，如图 4-11 所示，带框的位置调成图中所示的状态，正常绘图时，极轴、对象捕捉、对象追踪都要处于打开状态下。

回到图形中去，将圆和圆圈中的竖直直线删除，选取直线功能后，将十字光标移到被等分直线端点，待捕捉标记出现后向上移动光标，此时会有如图 4-12 所示的虚线出现，

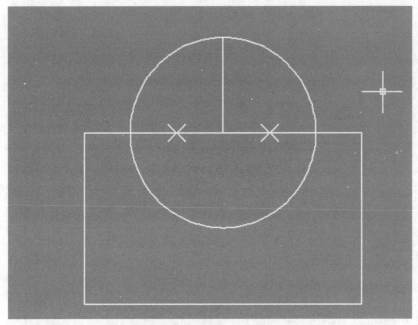

图 4-9　中心直线的绘制

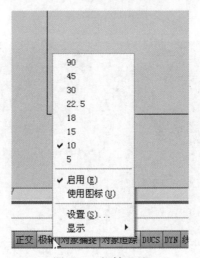

图 4-10　极轴工具

尝试晃动鼠标,可以看到每 10°会出现一虚线。可以这样理解:虚线可以当做一个格尺,保证沿着格尺画出一个整度数的直线(课后可练习一下,任意打开或关闭极轴、对象捕捉、对象追踪功能时画水平线会有什么不同)。现在按竖直方向虚线伴随状态下移动光标到合适位置时点鼠标左键,然后向右将光标移到第一个等分点上,出现捕捉标记后仍向上移动光标,此时会有两条虚线伴随,如图 4-13 所示,当两条虚线成十字交叉时点鼠标左键确认,完成直线绘制,退出当前命令。

最后得到了长 1m 的直线,处于水平状态,下一步要做的是将其竖起来并放到矩形的端部。

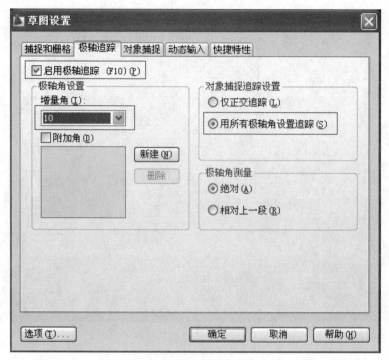

图 4-11　极轴追踪

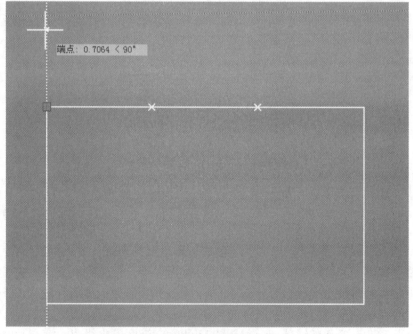

图 4-12　极轴捕捉

4.1.5　旋转

将图形竖起来并放到矩形的端部这一操作用到旋转功能，旋转功能是工具栏的 ↻，

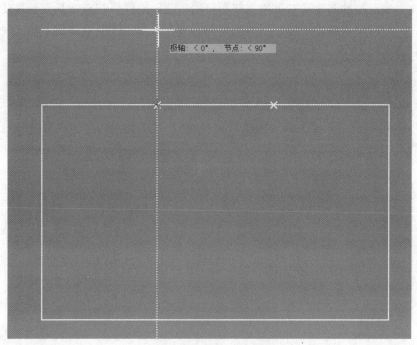

图 4-13 利用极轴进行绘制

选取后命令行提示"选择对象",光标变成目标选取模式,选择 1m 长的水平线,命令行提示"找到一个",然后仍然提示"选择对象",这里不需要继续选择,可以进行确认操作。确认后命令行提示指定基点,光标变成十字状态等待选点,我们选择直线的左端点(中点、另一端点也可以),点鼠标左键后命令行显示"指定旋转角度,或〔复制(C)/参照(R)〕<0>:",输入"90d"后确认,绘图区如图 4-14 所示。

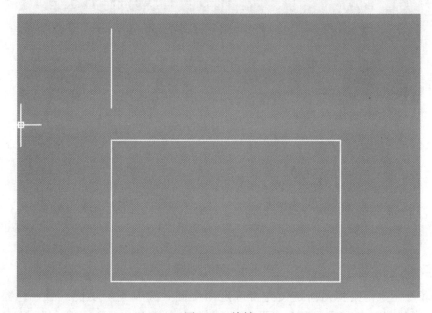

图 4-14 旋转

　　将直线下端点移动到矩形左上角，使用移动功能以直线下端点做基点，移动直线到矩形左上角，然后以此直线为短边，下部矩形的长边为长边，按照绘制刚才短直线的方法补成矩形，如图 4-15 所示。

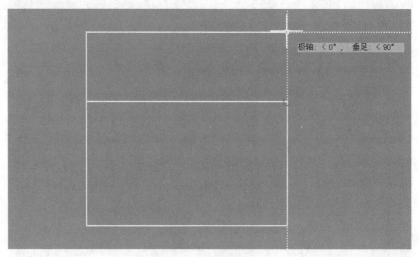

图 4-15　补矩形

4.1.6　延伸

　　以上部矩形和下部矩形的中点画一条直线，连接图中的 BC 点（仅为叙述和看图方便，不必关心文字由来），结果如图 4-16 所示。

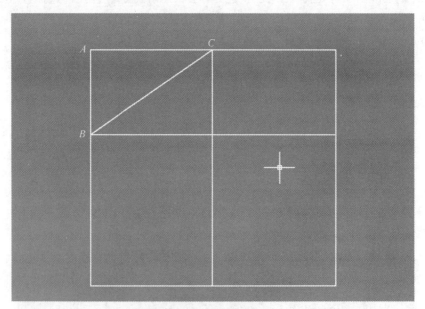

图 4-16　辅助线绘制

　　下一步绘制拱，按其几何定义先要确定两个圆。选取圆形功能，命令行提示 "_ circle 指定圆的圆心或 ［三点（3P）/两点（2P）/切点、切点、半径（T）］:"，直接指定圆心，将光标移到 B 点，出现捕捉标记后点击鼠标左键确认 B 点，命令行提示"指定圆的半径或［直径（D）］<1.5387>:"，将光标移到 A 点上，出现捕捉标记后点击鼠标左键确认 A 点，指定了圆的半径，这就是通过参考点绘制圆形，如图 4-17 所示。

同样以 C 点为圆心，AC 为半径确定另一个圆，结果如图 4-18 所示。

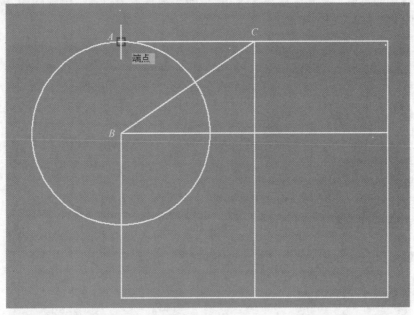

图 4-17 拱绘制

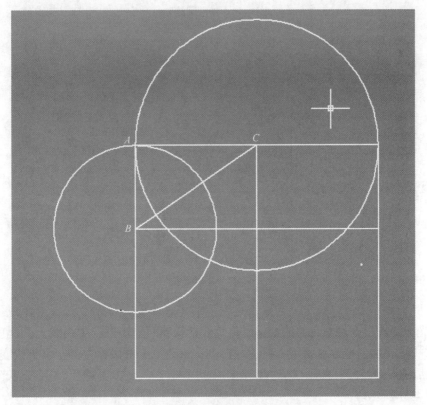

图 4-18 辅助绘制

使用修剪功能及删除功能将图 4-18 变为图 4-19。继续绘制两条直线，分别以 B、C 为起点终点作为各自所在圆的圆弧，结果如图 4-19 所示。

由几何原理可知，两条直线是各自角平分线，以两条直线交点为起点，做一条垂线到直线 BC，确定起点后，将光标移到直线 BC 可能出现垂点的位置，出现图 4-20 中的垂点标志后点击鼠标左键，如图 4-20 所示。

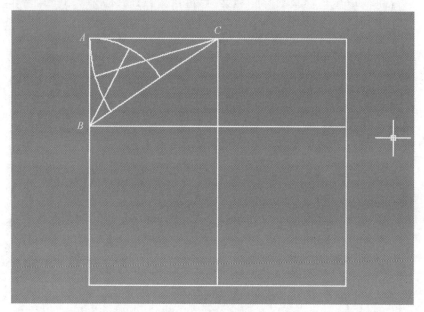

图 4-19　辅助圆绘制

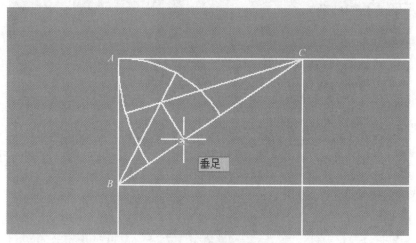

图 4-20　垂足捕捉

下一步开始进行延伸操作，选取工具栏上的 ⊹ ，命令行提示"选择对象或 <全部选择>:"，光标变成小方块。我们的目标是将垂线延长到两个矩形的中央线上，这里"选择对象"选的是"目的地"中央线，将方块放到中央线上点击鼠标左键，中央线变成虚线，确认操作后选取需要延长的垂线，方块光标放到垂线上后点击鼠标左键，它会延长到中央线上，如图 4-21 所示。

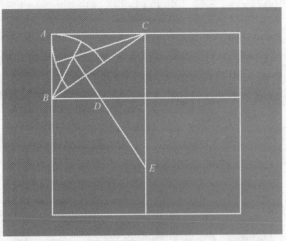

图 4-21 对象延伸

删除两个圆弧及两个角平分线，以 D 为圆心，DB 为半径做一圆，以 E 为圆心，EC 为半径做一圆，如图 4-22 所示。

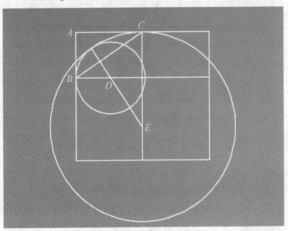

图 4-22 外拱绘制

修剪图 4-22 至图 4-23 所示状态。

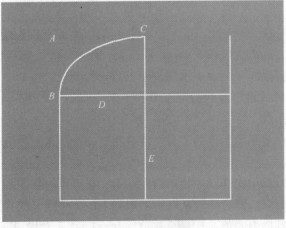

图 4-23 拱形修剪

4.1.7　镜像

现在已经完成了一半拱形，另一半不需重复绘制，使用镜像功能很容易完成另一半。

镜像功能的图标是 ⚠ ，用鼠标选取后光标变成目标选择状态，分别选取两段拱形，命令行会提示总共找到两个，确认操作后命令行提示"选择对象：指定镜像线的第一点:"，这里我们选择对称轴 CE 中的 C 点（操作同以往点的捕捉方式，不再详细表述操作步骤），命令行提示"指定镜像线的第二点"（几个提示出现在同一命令行上），我们选择 E 点，同时另一半拱形已经在屏幕上出现。E 点选择完成后命令行提示"要删除源对象吗？[是（Y）/否（N）]<N>:"，选择输入"N"，删除多余的线条后，完成了三心拱的绘制，如图 4-24 所示。

图 4-24　成图

此部分涉及的工具使用很多，多练习几遍就能熟练掌握。将三心拱文件保存，以后还会用到。

学到此时，你已经能够使用 CAD 正式绘制图形了。

本节的内容比较复杂，一定要多做练习。起初因为熟练程度不够，会感觉控制 CAD 很困难，熟悉各种命令的规则后驾驭 CAD 就容易多了。

4.2　多　段　线

多段线是 CAD 中特有的定义，作为单个对象创建的相互连接的线段序列。可以创建直线段、弧线段或两者的组合线段。

为了更好地理解多段线，用以下示例说明。

启动 CAD，将点样式设定好后选取工具栏上的 ▪ ，命令行提示指定点，在绘图区域内从左到右任意点 4 个点，按"Esc"退出，屏幕上出现 4 个节点标志。然后将所有点进行复制操作，复制的点放到原始点的下方，注意在空间上两批点要能够区分开，如图 4-25 所示。

选取直线功能，按提示先选取原始点最左一个，接近点时会出现节点捕捉标记，点击鼠标左键完成第一点选取，然后继续从左到右取剩下的三个点，结束直线操作。

多段线功能是工具栏中的 ↻ ，用鼠标选取后命令行提示"指定起点"，这一点是与直

图 4-25　定点

线功能的提示"指定第一点"不同的，同直线连接方法一样依次连接下部复制的 4 个点，先不用理会命令行的提示。完成后用鼠标分别选择两条直线，结果如图 4-26 所示。

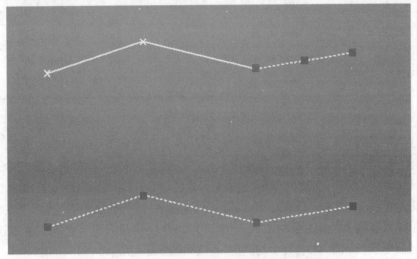

图 4-26　多段线绘制

可以看出两条线的外形一样，但下部的多段线"天然"是一个整体。

4.2.1　图纸坐标导入 CAD

CAD 默认应用的是数学坐标，同测量坐标对 x 轴、y 轴的定义不同，测量中 x 轴在竖直方向上，y 轴在水平方向上。在图纸上，有时为了画出最大的图形范围，经常把坐标网画成与图纸边缘呈 45° 斜线的形式。图纸上是不会标出 x、y 字样的，那么如何将其"移植"到 CAD 图中？

如面对一张图纸，将左手掌心向下放在图纸上，大拇指与其余四指呈 90°，将大拇指和其余四指分别指向图纸上两个坐标值增大的方向，对正后大拇指对应的坐标可用作 CAD 中水平方向的坐标即 CAD 中的 x，对应的是测量中的 y，其余四指的指对应的坐标可用作 CAD 中竖直方向的坐标即 CAD 中的 y，对应的是测量中的 x。图纸如没有特别指示标志，"上北下南左西右东"的原则是不变的，按照上述对应关系，可以保证导入图形的方位仍然按照"上北下南左西右东"的原则不变。

4.2.2　用多段线绘制矿区范围

对于一个具体的矿山，最大的划界范围是勘察区范围，小一些的是矿区范围，当选取范围图形时经常需要一次提取出全部表示矿区范围的直线，这时多段线绘制的勘察区范围图就显得十分方便。下表是一个矿山的矿区范围坐标，矿山坐标来历在矿山测量学中会有详细的讲解，这里先介绍一下如何将测量坐标在 CAD 中布置。

表 4-1 是一个矿山的矿区范围坐标，下面使用多段线功能输入一遍。

表 4-1　矿区范围坐标

点号	直角坐标	
	x	y
1	4742500.00	43495706.00
2	4743611.00	43495707.00
3	4744197.00	43496003.00
4	4744197.00	43496298.00
5	4742500.00	43496002.00

首先选取多段线功能，命令行提示指定起点，按上一节的讲解我们先输入上表点号 1 的 y 坐标值，然后输入 x 坐标值，确认后命令行提示"指定下一个点或［圆弧（A）/半宽（H）/长度（L）/放弃（U）/宽度（W）］:"，继续按以上步骤输入第二个点，确认后命令行提示"指定下一点或［圆弧（A）/闭合（C）/半宽（H）/长度（L）/放弃（U）/宽度（W）］"，比较一下第二个点输入后多了一个"闭合选项"，依次输入余下的几个点，第 5 号点输入完毕后输入"c"，确认，CAD 会自动将 5 号点同 1 号点连接起来。将图形区域调整后得到图 4-27 所示的图形，矿区范围输入完毕。

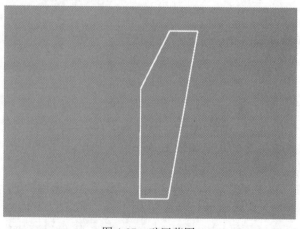

图 4-27　矿区范围

4.2.3 面域

矿区面积是多少? 类似问题经常遇到, 有一种专门的仪器称为求积仪, 用以得出图纸上不规则图形的面积, 在 CAD 中也有同样的工具, 而且要方便快捷很多。

在工具栏上选取 ⊙ , 命令提示行显示选取对象, 同时光标变成目标选取模式的小方块。选取 6 段直线, 命令行提示"找到 6 个", 确认操作后命令行提示"已创建 1 个面域", 即面域建立完毕, 但图形本身看不出有什么变化。

面域建完后要得出具体面积值才是需要的, 有两种方法得出面积值。

(1) 直接查找。用鼠标依次点击菜单栏上的工具—查询—面积, 如图 4-28 所示。命令行提示"指定第一个角点或 [对象 (O) /加 (A) /减 (S)] ", 这里输入"o", 同时光标变成目标选择状态, 命令行提示"选择对象"。

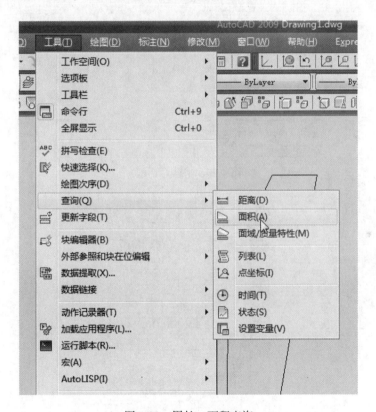

图 4-28 周长、面积查询

选择刚画好的矿区范围, 点击鼠标左键后命令行显示"面积 = 665012. 6045, 周长 = 4080. 8420", 表示矿区面积为 665012. 6045m^2。

(2) 特性法。选则矿区范围图, 出现捕捉标记后点击鼠标右键, 出现图 4-29 所示选择功能菜单, 用鼠标点击特性会出现图 4-30 所示的对话框。

对话框中"几何图形"类下的面积就是所需要找的, 同第一种方法得到的值一样。

第二种方法比第一种方法来得快, 特性对话框十分有用, 可以直接修改图形特性, 十分方便, 实际绘图过程经常用到。

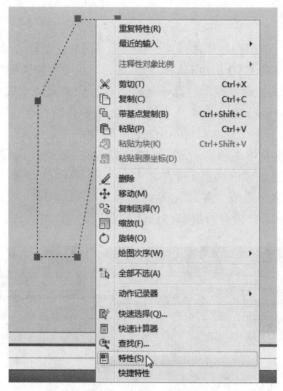

图 4-29　特性对话框

图 4-30　修改图形特性

将 4.1 节画好的三心拱也进行一次求面积操作，操作完成后不必保存。

5　绘　图　进　阶

5.1　绘　图　比　例

5.1.1　CAD 中应采用的绘图比例

在图纸作业时，首先要确定绘制图形的范围，然后根据图纸大小再决定采用比例的大小，总之是尽可能将图形充满图纸。

有些 CAD 教材也按照图纸绘图方法讲述绘图比例，如按此方法绘图，每一步都要先计算一下原长度是多少，按照比例关系应该实际画多少，手头要摆上一个计算器，不断进行着这种换算。这是完全没有必要的，CAD 中绘图一定要使用 1∶1 的比例绘图，用 1∶1 比例画图好处很多：

（1）容易发现错误，由于按实际尺寸画图，很容易发现尺寸设置不合理的地方。

（2）标注尺寸非常方便，尺寸数字是多少，软件自己测量，万一画错了，一看尺寸数字就发现了。

5.1.2　绘图单位

定义好基本比例后，下一步是绘图单位。这个概念很不好理解，在图纸上画一条 20cm 长的直线很好办，在 CAD 中如何绘出 20cm 的直线？解决这个问题就需用到绘图单位概念。

对于机械行业，通常使用 mm 作为基本单位，如 2000mm 就输入 2000，这意味着使用毫米作为绘图单位，同时也是 CAD 默认基本绘图单位。

在上一章中绘制三心拱时的宽是 3m，输入的是"3.0"，这其实就默认了绘图单位是 m。采用 m 为绘图基本单位对地质、采矿、测量来说十分方便，因为实际工作中涉及大量坐标计算，而通过左下的坐标值显示，可以直接读取坐标值，避免繁琐的坐标计算，下面用一个直观的演示说明问题。

一条直线的起始坐标为"20，10"，下一点距离起始点 23.57m，极轴角"56°23′17″"，求终点坐标。按直线极坐标方法绘制，长度输入"23.57"，选择直线端点，捕捉到后注意左下角坐标显示值"33.0475，29.6292"，所见即所得。然后通过人工计算一遍，结果是相同的。如果按 mm 基准单位，长度应输入"23570"，再查看一下坐标数值，已经不能直接使用，所以按"m"为基本绘图单位十分方便。

5.1.3　注意事项

通过上面两节叙述得出以下结论，原目标尺寸是多少 m 就在 CAD 中输入多少 m，但如果有别人按 mm 输入，而你按 m 输入，两种不同模式的图放到一起，它们会相差 1000 倍，因此要求在作图时大家都要使用统一标准，图形文件内容才可以互换。

在做开拓系统设计时，在同一个文件中包括开拓系统平面图和巷道断面图，不难想到按上述原则开拓系统范围很大而巷道断面图很小，很多设计院的图纸却两者相差不大，做到这一点就是因为在同一文件中对不同图形采用了不同的绘图基本单位，这样就可以避免有些图形太小；再就是用分类办法将其放到不同的文件中，此种办法更实用些。

5.2　线形的设定

到目前为止，我们一直都是用一种直线来绘图，CAD 默认也是用此线形。通过机械制图课程我们了解到表示轴用点划线、遮挡部分用虚线，CAD 中有丰富的线形可供选择，甚至可以根据具体矿山需要自定义线型，下面就介绍线形的加载方法。

5.2.1　加载中轴线

表示物体中央的中轴线是使用最广泛的线型，由长线、短线交替组成。

CAD 界面顶部工具栏，如图 5-1 所示。

图 5-1　线性工具栏

第一个 Bylayer 部分表示颜色指定，第二个 Bylayer 部分表示线形指定，第三个 Bylayer 部分表示线宽指定，这里显然用第二个。

注意每个功能右边都有个下向箭头，表示有多个选项，可分别用鼠标左键点一下试试，中间的产生的如图 5-2 所示结果。

再点击其他可得到图 5-3 所示对话框。

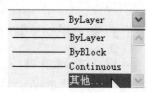

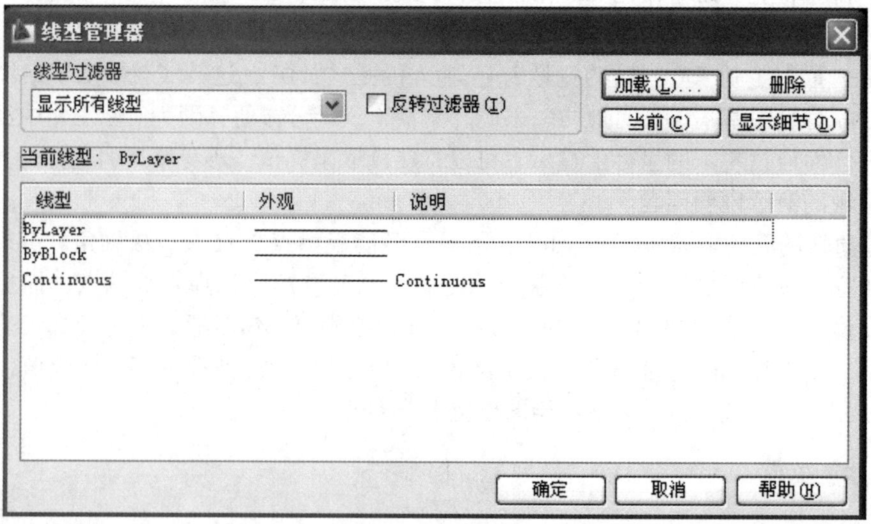

图 5-2　下拉菜单选项

图 5-3　线型管理器

再点击"加载",得到一对话框叠加在上面,如图5-4所示。

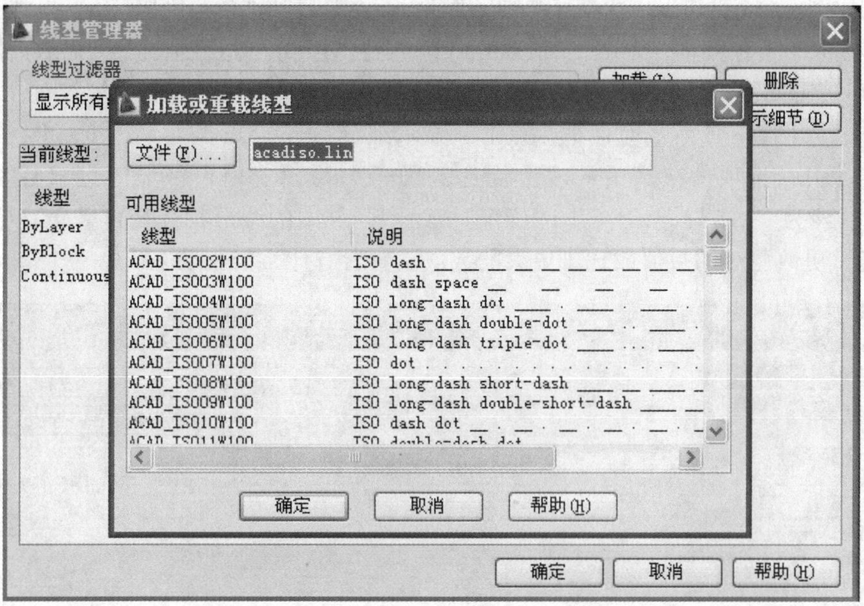

图 5-4 线型选择

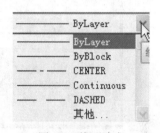

移动右边的滑块直到"CENTER"字样的线形名称出现在左边,用鼠标左键点击它,完成后点击对话框上的"确定"按钮,当前对话框消失,回到上一个对话框,注意观察有什么变化,再点击对话框上的"确定"按钮,关闭对话框。

按照上述方法再加载"DASHED"线形。完成后图5-2的样子变成图5-5所示的模样。多了"CENTER"、"DASHED"线形。

图 5-5 线型确定

5.2.2 分配线形给直线

在绘图区域中绘制两条一样的直线,然后选中其中一条直线,接着打开图5-5所示的下拉工具,选择"CENTER",绘图区的直线变成图5-6所示,同样的方法将另一条直线改成"DASHED"样式,按"Esc"键退出。

图 5-6 线型更换

5.2.3 改变线形的显示比例

分配了线形后再选取直线时图5-1上表示线形的指示已经是"CENTER"字样,但可能遇到"线形明明已经分配给了直线但直线看起来没有变化"的情况,出现这种情况的原因是直线是随意画的，当前线形显示比例并不能表示直线的细节。注意线形显示比例不同于绘图比例，通俗地讲，你所画直线的长度还没有 CENTER 线形当前比例下的短线长，自然就显示不出来。还有一种相反情况，线形的细节过分密集显示，这种情况只要做放大操作就可看到细节，将图5-6中显示的直线进行缩小操作，很快就会看到它们变成默认的直线。

再次打开图5-3所示的对话框，点击"显示细节"，图5-3的对话框变成图5-7所示，下面多出了几个选项，在其中的"全局比例因子"后面的白色区域内点鼠标左键，将"1.0000"该为"0.5"，然后点击"确定"，绘图区域中的线形特征变得密集一些（见图5-8），尝试更改更小的数值或比1更大的数值，看看有什么变化。

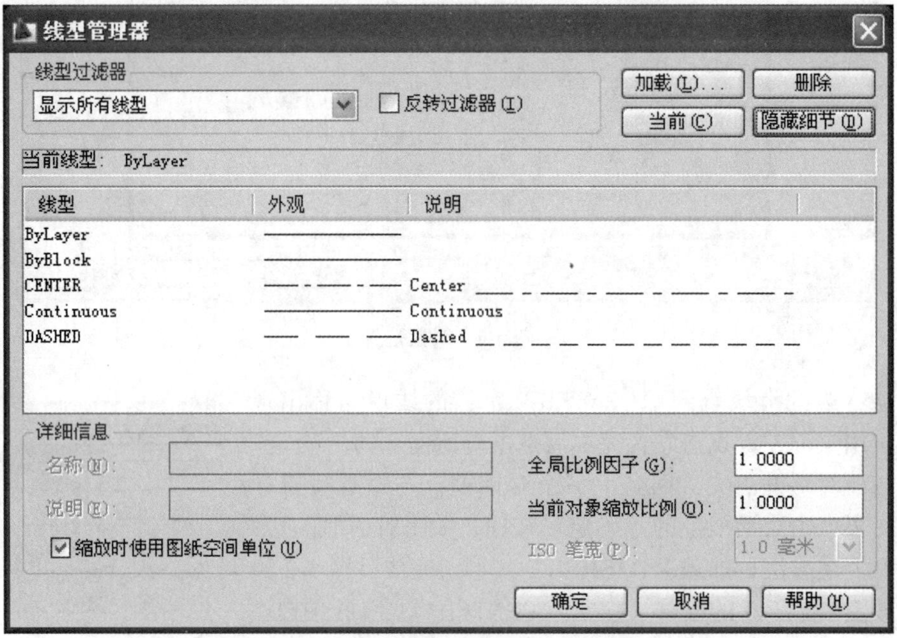

图 5-7　显示细节

图 5-8　比例改变

在修改过程中可注意到两类线形是同时变化的，即同变得紧密或疏松，如果只想改变一种线形的显示比例该如何操作？

在求图形面积操作过程中使用到了"特性"对话框，下面就用它来实现单线形比例更改。先回退到全局比例因子都是1的状态，选择"CENTER"线形的直线，右击鼠标左键后选择"特性"，出现的对话框如图5-9所示。

在"常规"选择集中的"线性比例"空白处点击鼠标左键，将"1"改为"0.5"然后在对话框范围内任意点击鼠标左键，所选线形即发生变化，另一条虚线线形则不发生变化。

将两条直线同时选上，图5-9变为图5-10所示，"线形比例"以及很多地方变成"多种"，继续按上述方法更改线形比例，可以看到两种线形同时发生了变化。

图5-9 特性对话框

图5-10 多种线型

5.3 线宽与颜色

当绘制的图形比较复杂时，为了突出表现某一处可将其显得醒目一些，机械制图中零件的轮廓线就要求"粗又亮"，但手工绘图通常只能通过直线线型、粗细来表示图形特征，在CAD中可很容易对此进行"模仿"，同时还可很方便地对图形上色来达到突出显示目的，这是手工绘图难以企及的。

5.3.1 直线加宽

图5-1所示图形中最左边的"Blayer"点开后展开图5-11所示图形。

在绘图区域中随便画一条直线，然后选中，打开图5-11所示对话框，选取"0.3毫米"，刚才选中的直线没什么变化，要想看到线条加粗的效果需要满足两个条件：

（1）启用"线宽"功能。用鼠标左键点一下绘图状态区域中的"线宽"，看看刚才的直线是否有了变化。

（2）启用"线宽"功能前提下，所选直线的线宽必须在0.3mm以上才能在显示器上表现出来，尝试一下将直线改为小于0.3mm验证一下。

虽然显示器只能显示0.3mm以上的线宽，但喷墨打印机或激光打印机都可以很完美地区分出 0.3mm 以下的线宽，所以仍然可将图形中的线型宽设为 0.3mm 以下的数值，如果你设定线宽为 0.01mm 而且打印机足够好到能将其打印出来，你会发现很难在图纸上看到线条，所以线宽设到 0.15mm 就足够了，不宜再降低。

5.3.2　直线配色

能够直接绘出彩色图形，这一点是计算机绘图最激动人心的部分，这要得益于显示技术的长足进步，色彩表现能力已达到 32 位真彩，对人眼睛而言，24 位真彩就是能够分辨的最大数目了。

正是由于上述优点，很多 CAD 图形也大量使用各种色彩表现，一张图内五颜六色，结果是没一种颜色显得突出，反而混乱不堪。正确的做法是一幅图内彩色图形占的比重及彩色的种类要少，才能突出你所要着重表现的内容。

现在大多 CAD 默认安装的绘图区是黑底色白线条，此情况下有两种颜色使用时要注意：黄色在绘图时比较醒目，但打印到图纸上是很难看到的；深蓝色在绘图时不易与黑色背景区分，但打印到图纸上是很明显的。

下面就介绍如何将颜色分配给直线。

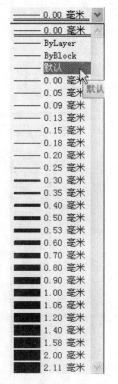

图 5-11　线宽选择

就本质而言，给直线分配颜色与分配线形的操作是一样的，首先选中一条直线，然后按图 5-12 所示位置打开下拉菜单。

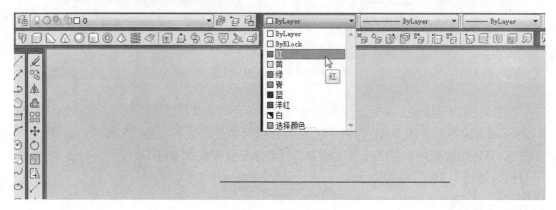

图 5-12　颜色选择

选择红色，用鼠标左键点击红色，刚才选中的直线立刻变为了红色。重新选择直线，尝试一下其他颜色。

5.4　填　　充

线型、颜色都是为了表达特定的图形信息，机械制图中经常用剖面线来表示面，手工时代要想均匀地画出剖面线是要费很大的工夫的，CAD 提供了"充填"功能来完成这一工作。

5.4.1 偏移

打开画过的三心拱图形，选中所有的部分，现将线宽设为 3mm，在左侧工具栏内寻找偏移工具 ▣，用鼠标左键点击后注意命令行的提示"指定偏移距离或［通过（T）/删除（E）/图层（L）］<0.2500>:"，这里我们输入 0.2，表示偏移 200mm，确认后命令行提示"选择要偏移的对象，或［退出（E）/放弃（U）］<退出>:"，光标变为小方块，等待选择目标。先选取三心拱形的一个墙，光标变为十字形，被选中的直线变为虚线。命令行提示"指定要偏移的那一侧上的点，或［退出（E）/多个（M）/放弃（U）］<退出>:"，当然希望偏移到内侧，在三心拱内点一下鼠标左键，出现图 5-13 所示结果。

按同样的方法继续操作最后形成图 5-14 结果。

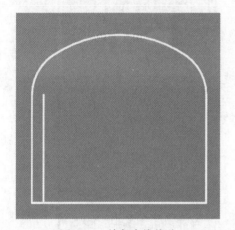

图 5-13 单条直线偏移

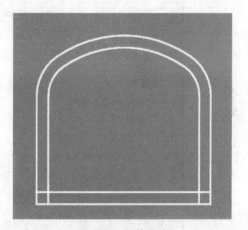

图 5-14 整体偏移

描述采矿设计中的整支、喷浆图就是图 5-14 所示的图形，但还有一些多余部分，通过进一步修剪得到图 5-15 所示图。

5.4.2 填充

经过上面的准备工作，下面可以正式添加效果了。用鼠标在左侧工具栏内选择 ▣ 工具，弹出图 5-16 所示对话框，继续点击图中所示位置，出现图 5-17 对话框，"ANSI"中有剖面线的填充方式，"其他预定义中"包含的各种填充图案，为了练习，先选择"ANSI"，再选择图 5-18 中的"ANSI31"，点击下面的"确定"按

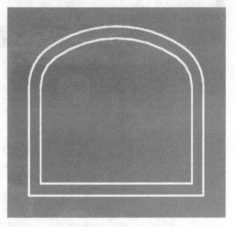

图 5-15 修剪成图

钮，图 5-16 的界面变为图 5-19 的样子，点击图 5-19 中的添加拾取点功能后，对话框自动消失，回到图 5-14 所示状态，光标变成十字。在表示整支或喷浆的范围内点一下鼠标左键，然后需要有很小一小段时间的等待，命令行提示"正在分析内部孤岛..."，当出现"拾取内部点或［选择对象（S）/删除边界（B）］:"时进行确认操作，图 5-19 所示界面又出现了，点击左下角的"预览"功能，对话框自动消失，图 5-14 的填充效果出现了，

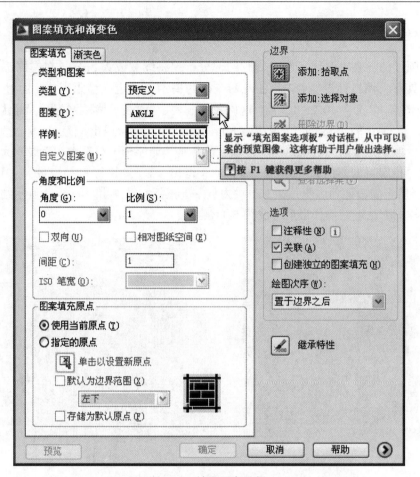

图 5-16 填充图案选择

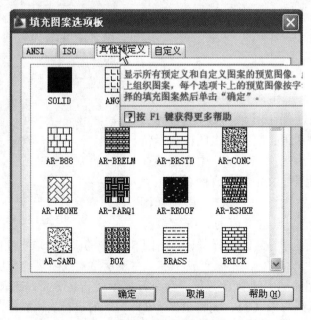

图 5-17 其他预定义

如图 5-20 所示。剖面线非常稀少，甚至看不见，敲一下空格键会到图 5-19 所示对话框。找一下中间的比例功能，点击小箭头会出现下拉菜单，选择 0.25 后再次预览，仍不满足要求，再回到图 5-19 所示对话框，点击 0.25 所在的白色区域后按住鼠标左键向左拖动，将 0.25 描黑，手工修改 0.25 为 0.02，再次进行预览。

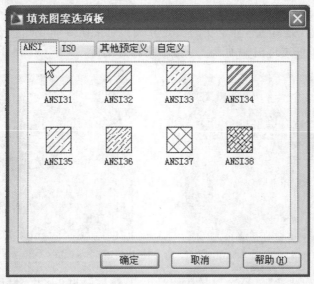

图 5-18 ANSI 图案

图 5-19 填充选项

　　这次的效果变为图 5-21 所示，达到了可以接受的程度，敲一下空格键，回到图 5-19 的对话框后点击确定，完成了填充操作。

　　图 5-19 的对话框中有一角度选项，下一步修改一下填充角度，将光标移到剖面线上双击左键，图 5-19 的对话框又出现了，点开角度的下拉菜单，选择一个不同的角度，确定后看看与图 5-21 发生了什么变化。

　　图 5-21 的剖面线是机械行业常用的填充方式，对采矿专业我们想要求有一点"形象化"，倾斜的线条不能表现出整支混凝土或喷浆料效果。

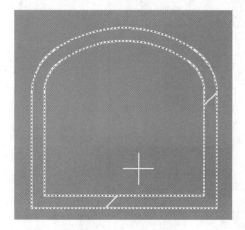　　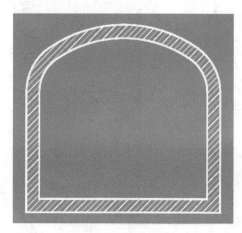

图 5-20　拾取　　　　　　　　　　　　　　图 5-21　填充成图

　　图 5-17 中显示了众多填充图案，其中"AR-CONC"、"AR-SAND"比较适合于表现整支、喷浆效果。

　　按照上面的操作做出图 5-22 所示的效果。

图 5-22　填充练习

5.4.3　填充失败

　　实际绘图过程经常遇到图 5-23 所示的提示，多次重复仍无法完成填充，提示反复出现，常常感到束手无策。这种现象的原因就是所要填充的区域不是严格的封闭区域，也就是画错了。不要试图修改某某变量值，应该修改图形。

另一种填充错误是在不需要的范围内填充进了图形，同样也是上面的原因，只不过是图形最外圈封闭的很好，但里面没有完全分隔开。

5.4.4 比例缩放

一个矿山会涉及多种巷道断面，下面在已经熟练掌握巷道断面绘制方法的基础上，介绍一种简便方法。

以画过的宽3m，墙高1.8m的三心拱为例，现在需要一个4.5m宽的三心拱，墙高仍然是1.8m。首先打开三心拱图形，在左侧编辑工具栏内寻找　工具，鼠标左键点击后光标变成目标选择的方块，命令行提示"选择对象"，全部

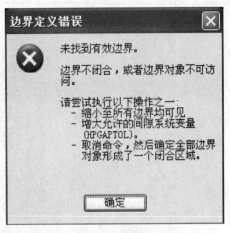

图5-23 填充失败

选中三心拱图形元素后进行确认，命令行显示已经选了6个对象作为提示，但需要做的是下一句"指定基点"。光标变成十字，直接指定底部水平直线左端点，命令行提示"指定比例因子或［复制（C）/参照（R）］<1.0000>:"，这里需要输入参照"R"，命令行提示"指定参照长度<1.0000>:"，输入"3"，继续提示"指定新的长度或［点（P）］<1.0000>:"，需要4.5m宽就输入4.5，断面立刻就变成4.5m宽的了，但墙高也会改变。以墙高的顶部端点为圆心作半径为1.8m的圆，如图5-24所示，圆与墙的交点做直线起点，向另一墙边作垂线，如图5-25所示。余下的工作就是修剪、删除，新的4.5m宽的三心拱就做好了。按此方法，其实只需要绘制好一个3∶1的三心拱足够了，没必要按部就班地绘制每一种三心拱。

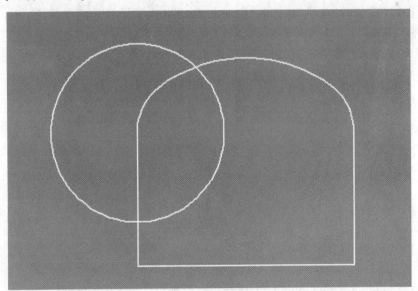

图5-24 拱形绘制

不光是避免重复绘制三心拱，此功能还有另外一个用途，就是调整绘图比例，按照比例缩放功能，全部选中图形，在进行到输入参照"R"后指定参照长度，不直接输入已知

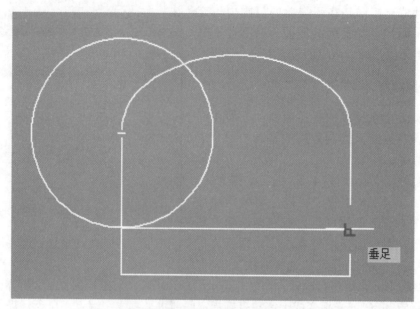

图 5-25　点的确定

长度，可以选一方格的交点，如图 5-26 所示，然后命令行接着提示指定下一点，选择方格的另一交叉点，如图 5-27 所示，完成后命令行提示"指定新的长度或［点（P）］<1.0000>："，这一步我们知道所需要的准确长度，比如是 200m，就输入 200 即可，整张图都做了比例缩放。将一方格交点选为基点，按标注坐标为目的点并移动整张图形至此，将图形放到正常的坐标点，可以使图形坐标与 CAD 默认坐标一一对应，十分方便。注意不能直接输入已知长度，因 CAD 绘图精度是小数点后 16 位，而显示的位数远没有那么多，如应是 50 宽，却画成了 50.234，而输入 50.234 就错了，选两点是让 CAD 自己测量实际值，更为准确。

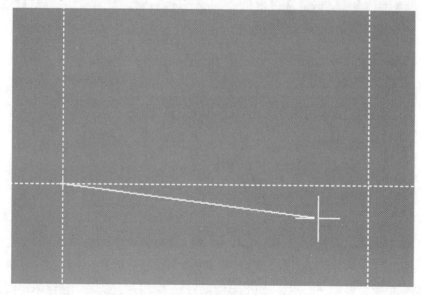

图 5-26　交点选择

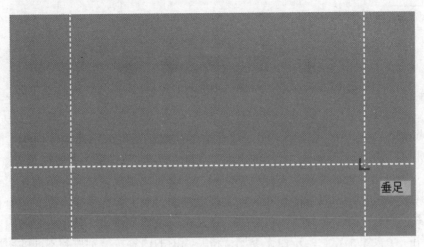

图 5-27　另一交叉点选择

6 图 层 编 辑

图层作为 CAD 中一个最基础、使用最普遍的功能，正确的使用往往会给工程师的绘图效率带来大幅提升。可以说，图层的定义，是整个 CAD 软件最为关键的设置。

这是一个对初学者来说非常不好理解的概念，其实图层就好比几块玻璃板，设置了几层就有几块玻璃板，绘图者可能在任何一块板上画图，从上面都可以看到。每个板上用不同的笔画图，一看就知道是在哪块板上了；在其中一块板上修改，其他板上的内容不会受影响。再用一个大家都熟悉的东西作类比，将一幅图的内容按类别放到不同的图层里就如同将不同类的 Windows 文件放到不同的文件夹里。在 CAD 图层里，绘图者可以设定笔的颜色、粗细、线型等，也可以锁定、显示、删除、打印、不打印。

6.1 图 层 概 述

6.1.1 图层功能

图 6-1 是图 2-1 的局部，也就是图层常用功能所在的地方，下面逐个介绍它们的功能。

图 6-1 图层工具栏

首先注意图 6-1 中的 "0"，表示当前的图层是 0 层，这一层是系统默认的，不可能被删除掉，以往的绘制图都在这一层。

按钮为打开或关闭图层，"灯泡"为黄色表示图层是打开状态，用鼠标左键点一下灯泡会出现一个下拉菜单，由于没有其他的图层存在，这个下拉菜单与图 6-1 白色部分一样，再点一下灯泡，其颜色变成蓝色，在绘图区域内点一下鼠标左键，下拉菜单消失，回到了图 6-1 所示的状态，所不同的是灯泡的颜色。由于关闭的是当前图层，会有一对话框弹出，点确定即可。

余下的几个按从左到右分别是"所有视口冻结/解冻"、"当前视口冻结/解冻"、"锁定/解锁"、"分配颜色"，最后一个是前面介绍过图层名称。分配颜色如同给直线分配颜色一样，但不应出现图 6-2 所示的情

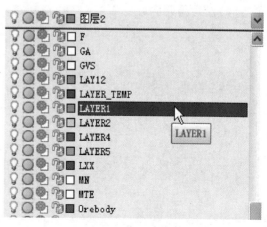

图 6-2 图层设置

况，几个图层用同一颜色，根本无法根据颜色区分图层。图层功能中最常用的功能就是"灯泡"，余下的功能使用不频繁。下面就讲解经常用到的最基本的实际应用。

对于机械行业，图形和尺寸标注是两个基本要素，有时为了观察图形方便不想让尺寸出现，将图形和尺寸分别放到两个图层。但对采矿行业，分类原则是什么？地下开采矿山工程分属不同高程上，包括地表、井下两部分，最好的图层命名方法是按照高程命名，将对应的矿山工程放入其中，图层数量不致过多，命名也要简单明了。图6-2是某设计院设计的中段平面图图层设置局部，其图层数量、命名名称都十分混乱，应避免出现如此繁琐的应用。

6.1.2　图层的建立

假如一个矿山的中段标高分别是400m、350m、300m，设置三个图层足够了。用鼠标左键点击图6-1最左的功能，弹出图6-3所示对话框，按其上所示位置点击鼠标左键，可建立新的图层。系统自动给出图层名称"图层1"，文字底色为蓝色，意味着可以直接修改，这里修改为"400m"，然后点一下鼠标左键来确认，继续用同样的方法作出其他的图层，结果如图6-4所示。

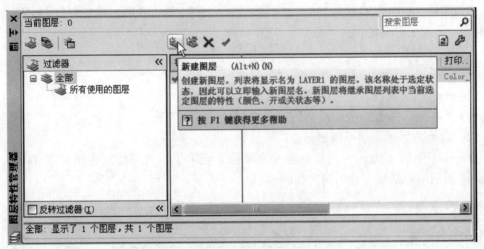

图6-3　图层设置对话框

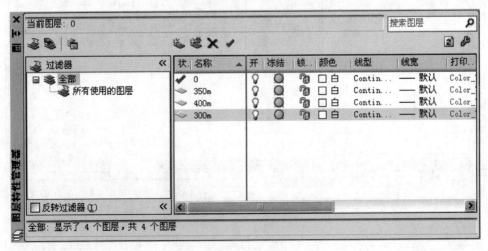

图6-4　图层添加

6.2　图层的操作

6.2.1　将对象分配给图层

点击对话框上的关闭功能，回到图 6-1 所示的图形，点击下拉箭头将会看刚才建立的三个新图层，同时这个区域会有蓝色选择标记随鼠标移动，现在移到 400m 处点击鼠标左键，当前图层及变成了"400m"。在绘图区域内绘制一矩形，此时这个矩形就分配给了"400m"图层，即在那个图层下画图，就分配给那个图层。转到"350m"图层，在绘图区域内再绘制一个三角形，再在"300m"图层绘制一个圆形。画完之后最后显示的图层是"300m"，用鼠标选择一下矩形，看看图 6-1 所对应界面是否也变为"400m"，继续选择圆形，由于两个图形分属不同图层，图 6-1 所对应界面变为空白。

三个图形各自有了所在的图层，下面将实现在图层间转换，将"400m"图层的矩形转移到图层"300m"。选择矩形后其周边出现了蓝色捕捉标记，点击图 6-1 所示的下向箭头，选择图层"300m"后按"Esc"键退出，再一次选中矩形，此时显示的图层变为"300m"，实现了图层转移，十分简单。

6.2.2　删除图层

删除一个图层需要满足两个条件：

（1）当前活动图层（图 6-1 内所显示的图层）不能删除。

（2）含有内容的图层不能删除。

上一小节中的"400m"图层已经没有了图形元素了，将图层状态调到"400m"，打开图 6-4 所示的对话框，显示情况如图 6-5 所示。

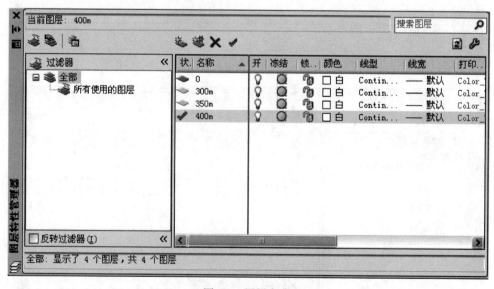

图 6-5　图层名称

上面有个红色打叉的功能块，是用来进行删除操作的。"400m"图层处有绿色对号，表示处于活动状态，先选择"400m"图层，再用鼠标左键点击红色打岔的功能块，如图 6-6 的对话框出现，删除不成功。需将当前活动图层改为非当前层或其他不准备删除的图层。

可以在图 6-5 所示对话框中的"350m"上点鼠标右键，出现图 6-7 所示的选项表，点击图中的"置为当前"就可将其改为当前活动图层。

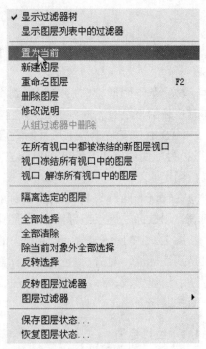

图 6-6 图层删除不成功   图 6-7 图层选项表

另一种方法就是用图 6-1 所示对话框中的下拉箭头，在展开的图层列表中用鼠标选取，也可达到同样的目的。

再次进行"400m"图层的删除操作，这一次能够成功。

以前的绘图默认都是在 0 层中进行，0 层是系统默认的，不可能被删除，随着 CAD 使用深入，会发现系统有时还会自动生成图层，它们都是不能被删除的。图层像颜色一样不能过多地使用。

采矿行业经常遇到的是采场单体设计，不同分层或分段的采场图需要叠加到一起考虑上下之间的影响。考虑到坐标应用的方便，这些图形必然集中到一处没法区分，最好的办法就是将分层、分段、中段分别建一个图层，单独看一个层时关掉其他的层。绘图时要首先明确是哪一个标高的图，对应哪一个具体层，这个层是否处于打开状态，如果当前活动图层是关闭状态将"画不出图形"，打开当前活动图层后才能看见刚才绘制的图形。

7 尺寸标注与文字

7.1 尺 寸 标 注

做完基本图形轮廓后需要得到图形尺寸信息，不光是给别人看同时也是给自己看，对别的图形绘制也起参照作用。

CAD 默认安装不显示尺寸标注工具栏，在菜单栏上有"标注功能"，为了使用方便，不能每次都去点菜单栏，下面讲如何将标注工具栏固定。

在默认的两行工具栏上点鼠标右键，弹出如图 7-1 所示的选项列表，用鼠标左键点击标注，出现图 7-2 所示工具框。

图 7-2 中的黑框是特殊加上去的，其对应各个功能从左到右依次是线性标注、对齐标注、坐标标注、半径标注、直径标注、角度标注、快速引线、标注样式（标注设置），这些是最常使用的功能，下面按顺序介绍。

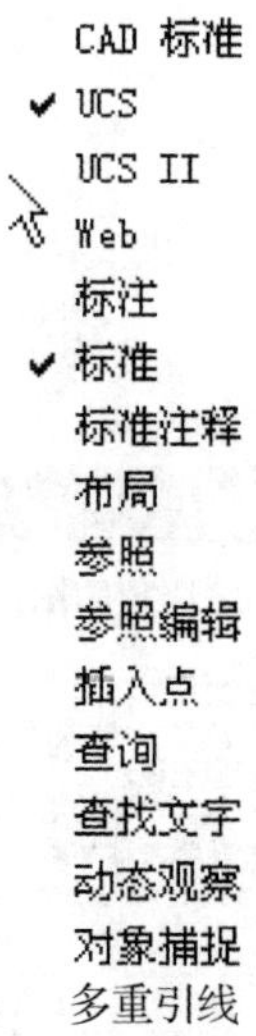

CAD 标准
✓ UCS
　 UCS II
　 Web
　 标注
✓ 标准
　 标准注释
　 布局
　 参照
　 参照编辑
　 插入点
　 查询
　 查找文字
　 动态观察
　 对象捕捉
　 多重引线

图 7-1　CAD 工具框

7.1.1 线性标注

在绘图区域内绘制一条 40m 长的水平直线，点击线性标注功能后光标变成十字，选取直线左边端点，出现端点捕捉标记后点鼠标左键，然后同样方法用于直线右端点的选择即出现的直线长度信息，然后向下移动鼠标到合适位置，如图 7-3 所示。再在绘图区内绘制一条斜线，长度与水平直线要差不多，然后对它用刚才的方法进行标注。结果如图 7-4 所示。

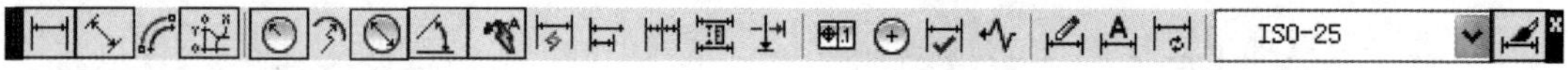

图 7-2　标注选项

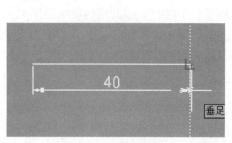

图 7-3　标注点选取

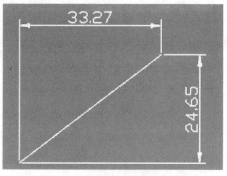

图 7-4　线性标注应用于斜线

结果是只能标注出斜线在水平或垂直方向上的投影长度，下面介绍对齐标注。

7.1.2 对齐标注

选中刚才的标注删除，选取对齐标注功能，对刚才的水平和倾斜直线进行标注，结果如图 7-5 所示，无论哪种情况都能正确标注，所以大多数情况下都直接使用对齐标注。

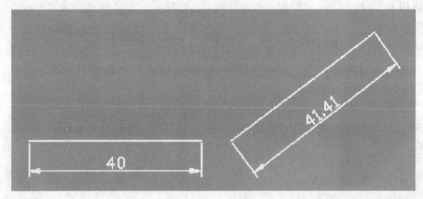

图 7-5 对齐标注

7.1.3 坐标标注

这个功能对行业应用十分重要，很多图纸上的坐标都是人工文字写上去的，那是因为没有正确使用坐标而导致的没办法的办法，如果能正确使用坐标，此功能将大大提高绘图效率和精确性。

将刚才的标注删除，标斜线中点的坐标，先点取坐标标注功能，注意命令行提示"指定点坐标："，这时将十字光标移动到斜线中点附近，待中点捕捉标记出现点击鼠标左键，此时出现带数字的引线，先不要点左键而是沿水平或竖直方向上极轴虚线移动，效果如图 7-6 所示，对比一下此数值与坐标区显示的数字。命令行内提示"指定引线端点或［X 基准（X）/Y 基准（Y）/多行文字（M）/文字（T）/角度（A）］："，需要的是指定端点，但不能用鼠标点击指定距离，因为多个坐标标注要求整齐划一，得按相对坐标方法输入长度。先输入水平坐标，在命令行输入"@0，−10"，结果如图 7-7 所示。

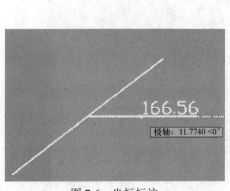

图 7-6 坐标标注

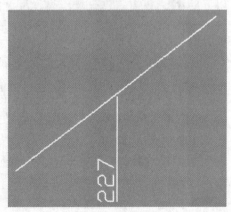

图 7-7 相对坐标

如果想向上输入就将"-10"改为"10"，可根据具体情况决定。

图 7-8 包含了竖直方向坐标，学生可以进行相关的坐标输入操作。

7.1.4　半径、直径标注

圆的标注非常简单，此功能同时也可用于圆弧的标注，圆弧的画法较复杂，可以自己按照命令行提示尝试去做，实际很少单独绘制一个圆弧，大多是从圆间接得到。

在绘图区域内绘制一半径 30m 的圆，点击圆半径功能后，光标变为目标选取模式的小方块，直接选择圆形边界，光标变成十字的同时其还伴随着"*R*30"字样的标志，如移动到圆形外边就在外标注，反之就在里边。直径的标注与半径方法一样，只是"*R*"由"*φ*"代替，结果如图 7-9 所示。

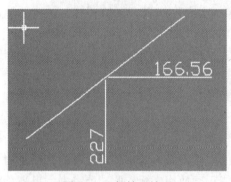

图 7-8　坐标输入练习

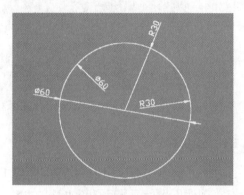

图 7-9　半径、直径标注

7.1.5　角度标注

先在绘图区内绘制两条相交直线，选取角度标注后提示选取对象，选择两条直线交点上边部分（不是必须的），出现如图 7-10 所示的结果。将十字光标移动到两直线角度较小的即锐角部分，其显示的角度变成 45°，将十字光标到放到满意的地方点鼠标左键，完成标注。

两条直线夹角不可能正好是整数，后面还要讲到如何调整标注单位。

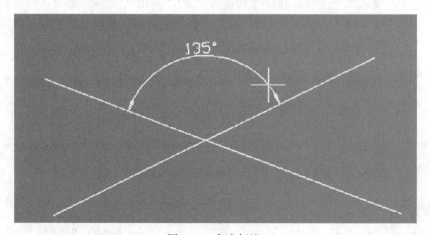

图 7-10　角度标注

7.1.6 快速引线

上面是一个采矿方法设计图,通过以往的学习,这一幅图中所涉及的绘图方法大都学过,注意图中的直线加数字,就是下面需要使用的功能。

点击快速引线功能后光标变成十字,在需要说明的地方点鼠标左键(可以是区域、特定图形对象),然后向水平或竖直方向拉动,在觉得长度合适后再次点击鼠标左键结束,此时不用理会命令行提示,直接按"Esc"键退出,一个带箭头的线就画好了,图7-11中的箭头是处理掉的。如果用多个此类图件,应该使用复制功能来保证都是一样长度,无论是水平、竖直、倾斜,这样做的好处是整齐划一,保证美观性。

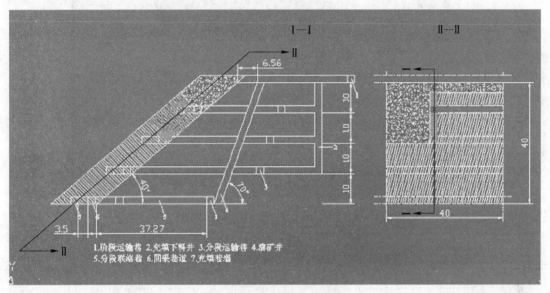

图 7-11 快速引线标注

如果不使用"Esc"键退出,则使用键盘上的"回车键",命令行提示"指定文字宽度 <0.1>:＊取消＊",输入 0.1(根据经验),回车之后有提示"输入注释文字的第一行 <多行文字(M)>:",可以输入"阶段运输巷",再次回车,又有提示"输入注释文字的下一行:",一般不再需要下一行,照常敲回车键结束,效果如图 7-12 所示。

图 7-12 文字注释

虽然第一次产生了文字,但这不是标准的文字处理办法,达到上边的整齐划一就更不好控制了。

7.1.7 标注样式

以往的标注都是默认的情况,当图件尺寸与标注尺寸相差很远时,标注与图形开起来非常不协调，一般是按 m 绘图，很多标注单位却是 mm，如何标出 mm？

点击标注样式后弹出图 7-13 所示的对话框，这里涉及的内容很多，与机械行业明显有很大关联，要进行如下的修改。先点击修改功能，出现图 7-14 对话框，默认是文字选项。下面就绘图过程中经常遇到的修改项目文字、线、符号和箭头、主单位进行介绍，对应项的下级选项均有空白处可直接修改数值或使用旁边的下拉选项。

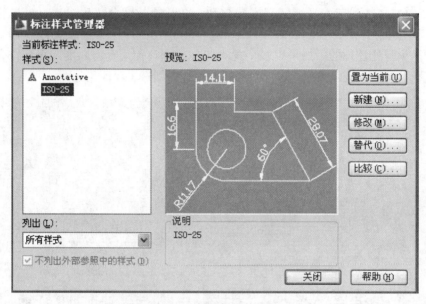

图 7-13　标注样式管理器

图 7-14　标注样式修改

图 7-14 中需要根据实际常修改的是：文字高度；文字位置，垂直；从尺寸线偏移。对应影响位置如图 7-15 所示。

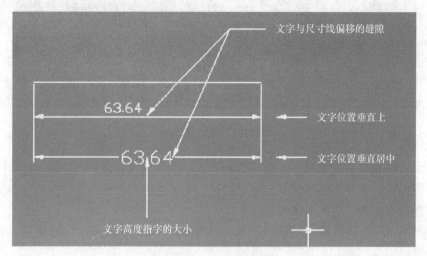

图 7-15 标注修改效果

下面转到图 7-14 的线功能，界面如图 7-16 所示。

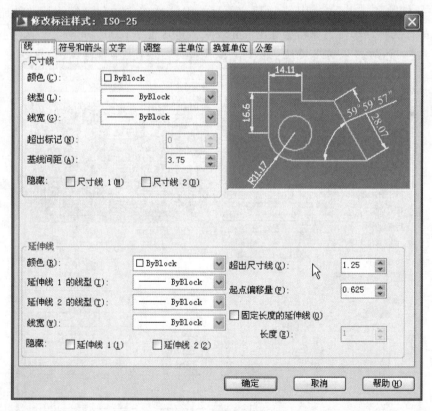

图 7-16 标注线修改

图 7-16 中需要根据实际常修改的是：超出尺寸线；起点偏移量，经常设为 0。对应影响位置如图 7-17 所示。

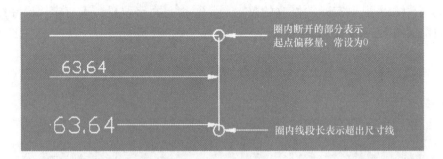

图 7-17　常见线修改

　　下一个是符号和箭头选项，这里只有箭头大小经常调整，箭头大小通常是文字的一半较协调，但也可根据具体情况调节，没有严格的定义。再有就是两个箭头可以分别调整样式，可根据需要选择，在此不多叙述。

　　最后是注单位，这里需要调整的较多，界面如图 7-18 所示。图 7-18 中需要根据实际常修改的是：

　　（1）单位格式，默认的小数较为常用。

　　（2）精度，有几个零表示保留点后几位，默认两位，可以根据需要修改。

　　（3）比例因子，这个参数十分重要，尽管使用 m 为绘图单位，实际标注的施工图仍然使用 mm 作为默认单位，如希望标出 mm 效果，将其改为 1000，同时上一选项应将精度

图 7-18　主单位选择

设为 0。

（4）角度标注的单位格式，度数一般不用十进制表达，现在的测量仍然使用度分秒单位，采矿设计图上也是按度分秒给设计信息，所以将此处改为图 7-18 中的样子，精度部分也按图中选取。对于 AutoCAD 2007 以上版本，此处有两个"0d00′00″00"，选哪个都行，而 AutoCAD 2006 以下版本需选择"0d00′00″00.0"才能出现完整的度分秒标注。

对应影响位置如图 7-19 所示。

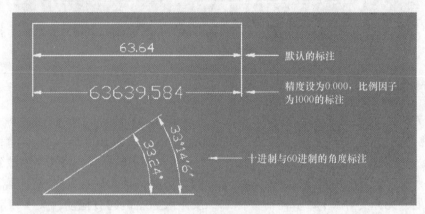

默认的标注

精度设为0.000，比例因子为1000的标注

十进制与60进制的角度标注

图 7-19　对应影响

以上是经常用到的标注功能，调整做到统一即可，也可按具体单位的具体标准调整，但调整只对当前文件有效，新建立的文件将需要重新调整。由此，在绘制大量图形过程中可将常用的一些设置包含到一个文件中，命名为"模板"保存，方便日后使用。

7.2　文　字

上面的一些操作使用了文字，但不是真正的文字操作，下面介绍一下真正的文字操作。

7.2.1　文字功能

在菜单栏上点击绘图功能，下拉菜单的最底下有文字功能，有两个选项，单行文字和多行文字。先介绍多行文字。

在左侧工具栏绘图功能列的最底端找到 A，用鼠标左键点击后光标变成图 7-20 效果，在绘图区域内任意一点，变成图 7-21 效果，如果看起来过小，使用鼠标滚轮放大。这一过程如同画矩形，完成"矩形"后弹出图 7-22 所示的对话框，里面包含了全部的文字操作，此对话框在不同 CAD 版本间差别很大，但会了一种其他的也不难掌握。

图 7-20　文字输入效果

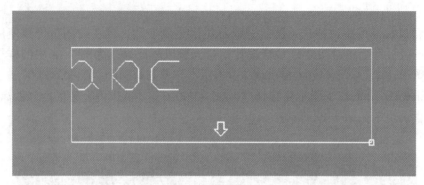

图 7-21　输入框

7.2.2　文字输入

在图 7-22 中的文字输入区输入以下文字"采矿 CAD 制图",然后用鼠标"描黑"(字背景色是蓝色),在文字大小设定框中将默认值 2.5 修改为 10(与选字一样),文字变得很大呈纵向排列,点击确定功能结束输入。下一步调整字的样式,将文字缩放到屏幕中央,用鼠标左键双击,又可以打开图 7-22 所示的对话框,将光标移到"文字篇幅水平调整"功能处,光标变为水平的双向箭头标志,按住鼠标左键向右拖动,文字自动排成一行,继续向右拖动一定距离后停止,点击文字位置功能的下向箭头,选中"正中",文字移动到了中央,然后点击确定功能。

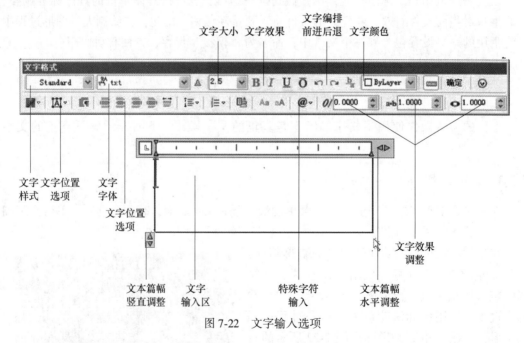

图 7-22　文字输入选项

这一操作有个简便办法,用鼠标单击刚才的文字,结果如图 7-23 所示,有 5 个捕捉点,用鼠标选择一个非正中的点并向水平方向左右移动,然后上下移动,看看分别有什么变化。再选中正中的捕捉点随意移动,文字整体跟随移动,这一功能在文字排版时十分有用。

7.2.3　文字效果处理

再次双击文字并选中，CAD 默认的汉字字体是宋体，下面将其改为其他字体，点击文字字体的下拉功能，大部分字体名称是控制西文文字体的，汉字字体在最下方，选择隶书，文字字体马上发生变化，也可以再尝试一下更改文字颜色。关闭汉字输入法，另起一个多行文字，这一次输入英文字母和数字，如图 7-24 所示，默认的字体是 "txt" 体，字的线条不会随着放大而变粗，而汉字字体如果不断放大会充满整个屏幕，常用的标注字体就是图 7-24 使用的字体。

图 7-23　输入预览 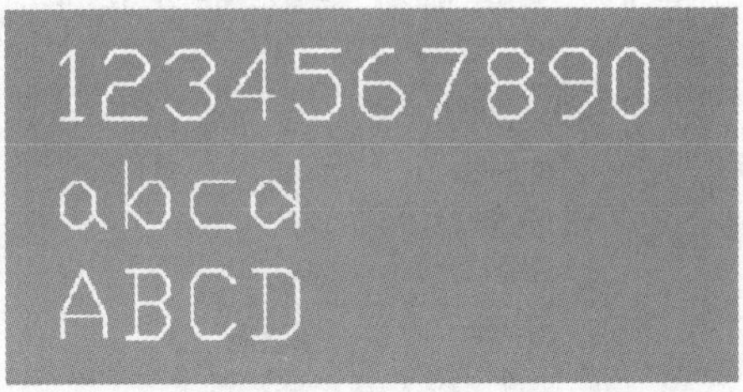　　　　　　　　　　　　　　　　图 7-24　常用字体

选中全部的字符，将其修改为 "Times New Roman"，效果如图 7-25 所示。在图纸中出现的西文字符、数字除标注外，大都采用图 7-25 的形式，汉字一般采用宋体，这样做的好处是图形文件大部分都可以没有障碍地被其他使用者打开，交流十分方便。

图 7-26 是采矿方法图中常见的指示说明，文字靠左对齐，横线要上下对齐，汉字起始位置也要上下对齐，数字采用了 "Times New Roman" 字体，打印到图纸上显得比较醒目。

图 7-25　Times New Roman 样式 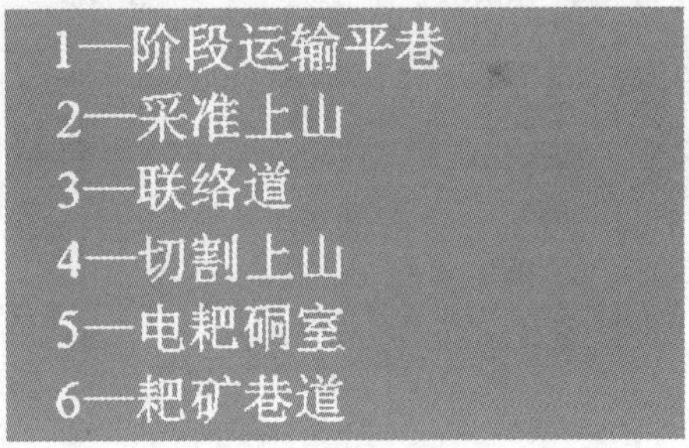　　　　　　　　　图 7-26　输入样式

井巷断面图还用到特殊的单位符号，如 m^3、m^2，甚至上下标均出现的情况如化学方程式的化合价加原子个数，虽然比较少见。图 7-22 中的特殊字符输入功能可实现上述目标。新建立一个多行文字框，输入 "m"，点击特殊字符输入功能后出现图 7-27 的选择项，将光标移到平方上点击鼠标左键，m 的旁边就出现了上标 "2"，其他的功能可以通过类似的方法实现。

7.2.4　从 Word 中粘贴文字

AutoCAD 作为一个 Windows 系统下的软件，与 Windows 兼容得很好，从 2000 版本开始可以支持从 Office 软件中直接粘贴各种目标，上一节中提到的各种文字效果也可以在

Word 中编排好再粘贴到 CAD 中，CAD 的文字排版功能有了很大进步，但仍不能与专业化的软件相比，对于 CAD 中纯粹的文字编排还是建议大家正常使用其编排功能，这是大多数情况，本节内容仅作为一个技巧。

在 Word 中写下如下内容（化学式使用公式编辑器）：

1—化学分子式 $H_2SO_4^{2-}$

2—数学算式 $200×200=40000$

需要的对齐操作也在这里整理好，总之一切调整到最佳状态，将其选中后复制，转到 CAD 窗口，在菜单栏上点击"编辑"，选择"选择性粘贴"，如图 7-28 所示，之后出现对话框如图 7-29 所示，一定要选择"AutoCAD 图元"，点确定功能后绘图区如图 7-30 所示。

图 7-27   特殊字符选项卡   图 7-28   选择性粘贴

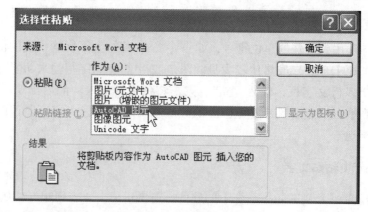

图 7-29   选择来源

图 7-30 中的文字显得十分模糊，但在选好位置后点一下鼠标左键就可以清晰地固定了。这一结果不能直接使用，因为它的尺寸与要放到一起的图形不太可能相互协调，需要进一步调整。下面的一个功能十分有用，以后还会用到。

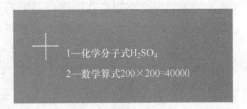

图 7-30　选择图元效果

在左侧编辑工具栏内寻找 ，点击后命令行提示寻找对象，用方块形光标选中刚才的文本并进行确认操作，命令行显示"指定基点："，光标变成十字。在文本近点的地方点一下鼠标左键后命令行显示"指定比例因子或［复制（C）/参照（R）］<0.5000>："，指定一下比例因子只需输入数值，大于 1 就放大文本，小于 1 就……，如果输入 0 或负数是没反应的，具体输入值看情况而定，绘图多了就有经验了。

尝试选中刚才的文本，从 Word 粘贴过来的时候它们看起来是一个整体，实际上它们都被处理成单个的文字，所以在 CAD 中进行修改必须逐个进行，这样就显得比较费力。

7.2.5　单行文字

以上是多行文字，下面介绍单行文字。在菜单栏上选取单行文字后命令行提示"指定文字的起点或［对正（J）/样式（S）］："，现在可以根据命令行提示自己往下走，都选择默认项，到最后绘图区显示内有"I"字形闪烁的方框，尝试输入一个汉字和英文状态下的英文字母，结果如图 7-31 所示，可以看到汉字没有正常显示，原因是对文字样式需要进行调整，对文字编辑是必须的。

图 7-31　文字非正常显示

在菜单栏上选择格式——文字样式，弹出图 7-32 所示的对话框。注意选中"使用大字体"，然后在大字体的下拉选项中选择"gbcbig.shx"，点击应用后旁边的功能点变为应用，点击后汉字就能够正常显示了。

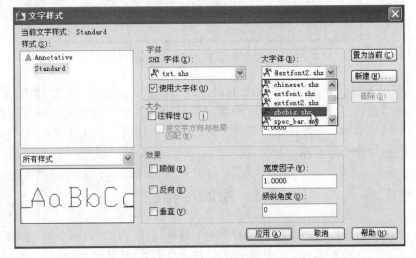

图 7-32　文字样式

因为单行文字较特殊，修改后多行文字也随之能够输出这种特殊字体，它看起来十分像图版时代用绘图笔书写的样式，图纸中包含的说明部分很多人都喜欢使用这样的字体，是一种"仿古"样式。

CAD 软件与 Windows 系统一样都带有字库，如果字库中没有包含图形中使用的字体，将会出现下面情况，如图 7-33、图 7-34 所示。

图 7-33　字库中无图形配套字体一

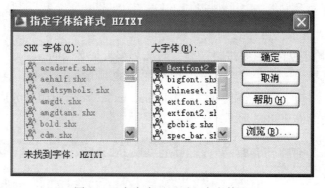

图 7-34　字库中无图形配套字体二

在图 7-33 所示情况下选择取消，图 7-32 情况先选择"gbcbig. shx"，如果反复出现就重复上面的操作直到打开图形。出现这种情况的原因是原图有些是从 CASSEE 软件生成，或者是使用了特殊字体。所以字体、颜色、图层应用中切忌"玩太多花样"，对制图的规范性、交换图形文件十分不利。

7.3　绘制标题栏

通过上面的学习我们已经掌握了基本绘图工具的使用，还有一些没有介绍的工具，但通过以往工具使用过程也不难掌握新工具的使用。

标题栏是一幅图上必有的一部分，具体单位要求不尽相同，下面以一个具体的例子来说明（见图7-35），其中不涉及很高的绘图技巧，主要是要注意美观。

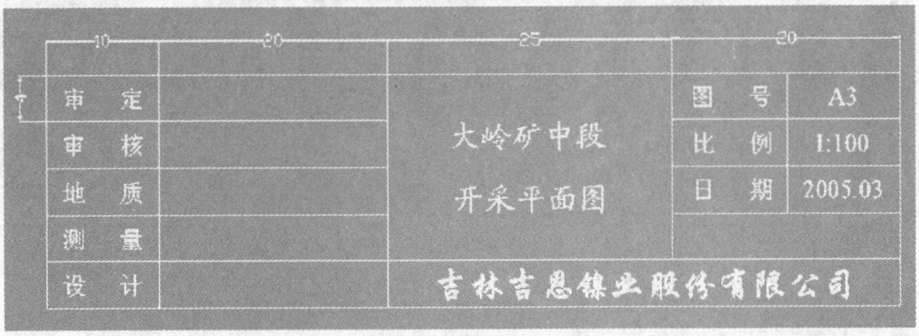

图7-35 标题栏示例

绘制一幅图的入手点十分重要，对绘图效率有很大影响。图7-35主要是矩形，自然从矩形入手，先看好尺寸，长75，高20，按此先绘出矩形，尺寸为说明，不用一同画出。

下一步绘制水平线，一种方法是分解矩形，对短边均等分，如此做下去就是一种很麻烦的方法，简单的做法是做辅助圆，在左下角顶点做一半径为4的圆，如图7-36所示，选取直线功能在圆与竖直线的交点向水平方向会一直线交于右侧竖直线，如图7-37所示。

复制刚才画好的直线，选中后指定基点时要选取矩形左下角的定点，如图7-38所示。

图7-36 做辅助圆

图7-37 绘水平线

选中后会提示指定第二个点，选择圆与矩形的交点，第二条直线绘制完毕，由于没有退出命令还会继续提示选第二个点，照上一步操作直到满足要求的数量后结束命令，结果如图7-39所示。

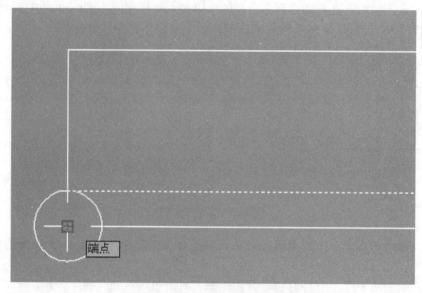

图 7-38　复制基点选取

图 7-39　连续绘制

　　下一步画竖线，同样做半径为 10 辅助圆，以圆与矩形的交点为起点绘竖直直线交于最底端直线，如图 7-40 所示，竖线在水平方向的距离不均等，偏移操作就十分适合，选取偏移功能后指定偏移距离 20，再选择刚绘好的直线，指定偏移侧的点时当然应在直线右边，点一下鼠标左键完成，按"Esc"键退出。下一条按同样的手段偏移即可，这一步

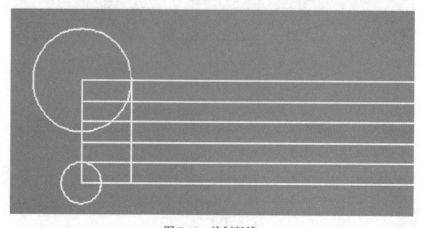

图 7-40　绘制竖线

相对麻烦，可以在绘好第一条竖线后使用复制功能，选择其作为复制对象。指定基点有多种选择，因为一般事先知道向右的距离，随便点一点都行，但为了养成好习惯还是选取竖线与水平线的交点之一做基点，选取之后提示指定第二点，第二点应在水平向右20的位置，用鼠标无法找到，应使用相对坐标法，输入"@20，0"后确认，产生了用偏移法得到的那一条直线，命令行仍然提示指定第二点，不难想到下一点是20+25，输入"@45，0"。删除辅助圆，使用修剪功能做到样图（见图7-41）中的效果，为下一步输入文字做准备。

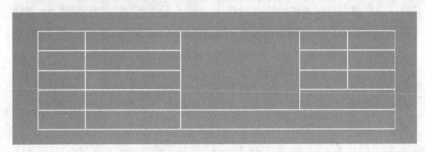

图 7-41　完成表格基本框架

　　文字绘制应使用多行文字而非单行文字，前者在编排上容易得多，下面就选取多行文字功能，提示第一角点时选大矩形的最左下顶点，对角点选择小矩形的另一角点。选择完毕后弹出文字输入框，在里面输入"设计"并且要做"正中"位置处理，文字移到中央后在两字中间插入空格（这一操作仅是为了美观），点击确定。如果文字在小矩形内显得过于"充满"，就在对其大小做调整，直到满意为止。用鼠标选中刚刚输入的文字，注意5个捕捉点，如图7-42所示。用鼠标左键选取捕捉点，由左边图示位置调整到右边图示位置，此步骤是保证文字处于表格中央。做好了第一格文字下面的步骤就简单了。使用复制功能，选择刚输入的文字，基点要选择小矩形角点，第二点选上面小矩形的对应角点，如图7-43、图7-44所示。

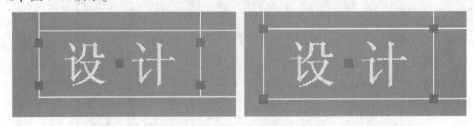

图 7-42　文字居中

图 7-43　文字复制

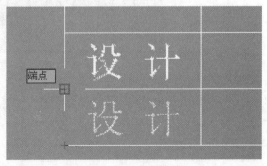

图 7-44　文字粘贴

如此完成后就有图 7-45 所示的结果，对大一点的矩形用图 7-42 的方法调整文字。

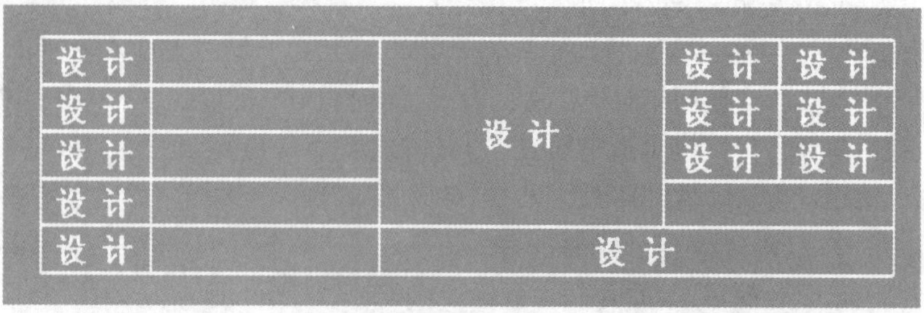

设 计				设 计	设 计
设 计				设 计	设 计
设 计		设 计		设 计	设 计
设 计					
设 计		设 计			

图 7-45 成图

现在基本完成了标题栏，后面的工作就是双击各处的文字进行内容修改，单位名称可以使用另一种有艺术效果的字体，余下的用宋体即可，字母、数字使用 Times New Roman 体，但这也不是一成不变的规定，如果有更好看的布置当然可以任意更改。

打开已经画好的三心拱，按图 7-46 所示的方式绘制完成，文字中心要对应外部矩形框中心，矩形框中心对应中轴线，此图要保存。

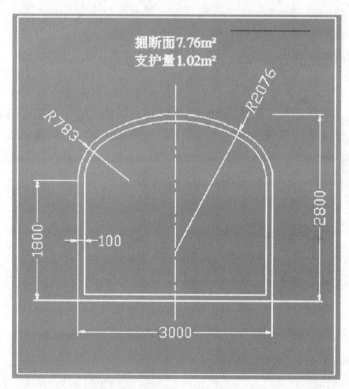

图 7-46 三心拱绘制

8 应用举例

最基本的 CAD 操作已经学完了，学习过程中一定要多加练习，初期多注意命令行的提示，不能自己凭想象往下进行，这一点是很多初学者常犯的毛病，经验和技巧是在日积月累中形成的。

当熟练使用 CAD 软件以后就会发现它也并不是万能的，特定条件下仍需要设计者凭借数学知识完成绘图，CAD 不会直接给出结果，除非使用 CAD 基础上二次开发的软件。

下面的学习中还会涉及一些新工具和新方法。

8.1　内外公切线

矿山提升系统设计中的竖井提升涉及卷筒、天轮的位置关系，双卷筒就有上出绳和下出绳两种形式，这些可归结为两个圆的内外公切线作图，方法与初中几何中的做法一样。

8.1.1　外公切线

首先天轮和卷筒的直径在地表按规程要求就不一样，天轮大一些。先假设天轮直径为 2.5m，卷筒直径 1.6m，双卷筒。天轮中心与卷筒中心水平距离 8m，垂直高差 5m，实际上的位置关系不可能这样，只是为了清楚演示按此条件做绘图准备。

在绘图区先绘制一个圆，按直径 2.5m 输入，圆如果看起来很小就将其放大，如果你看到一个多边形出现的话不应感到惊奇，命令行直接输入"re"后确认，圆是否看起来平滑的像一个圆，"re"就是重新生成图形，是 CAD 为了使快速生成而简化显示的图形恢复原貌，在圆形显示上尤为明显，准备好的结果如图 8-1 所示。

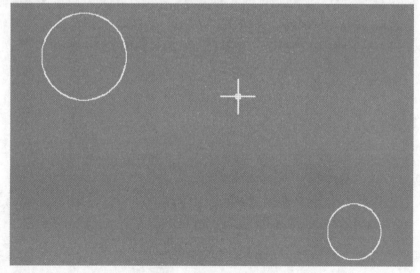

图 8-1　天轮、卷轴绘制

　　用一条直线连接两个圆的圆心，然后拉长，具体工具是 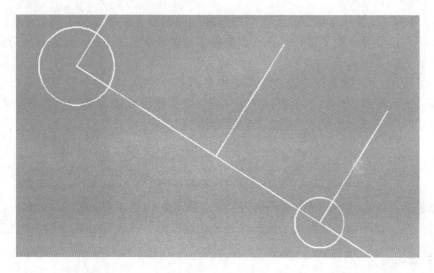（此处为小图标），选择后根据提示输入"DE"，接下来按提示输入距离 80（估计），确认后选择刚才的直线，注意要选取直线需要延长的那一侧，一定不要选近似中间的位置以免出现不希望的结果。

　　在直线上方直线近似中间的位置做一直线垂直于上一条直线，长度要比 2.5 大一些，以下部端点为基点复制这一条直线到两个圆的圆心，结果如图 8-2 所示。

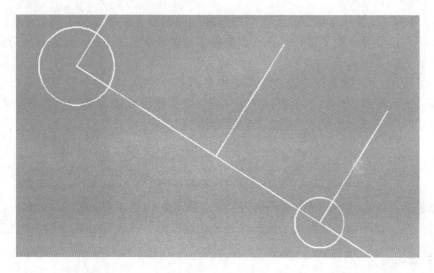

图 8-2　连接两圆

　　直线连接复制的垂线与圆周的交点并延长交于两圆心连线的延长线上，修剪并删除多余的线条，如图 8-3 所示，延长线交点未显示。

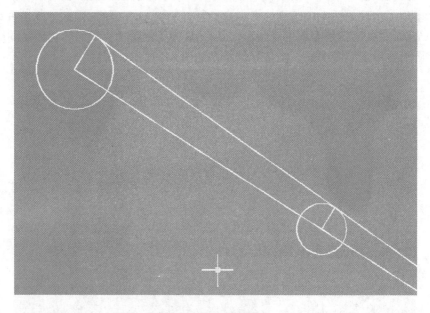

图 8-3　连接两圆切点

用两点法作圆，选取圆功能后在命令行输入"2p"，提示指定圆直径起始点，选择两延长线交点后再选择小圆的圆心完成第一个圆。下一个圆选同样的起始点，第二点选择大圆圆心。结果如图 8-4 所示。

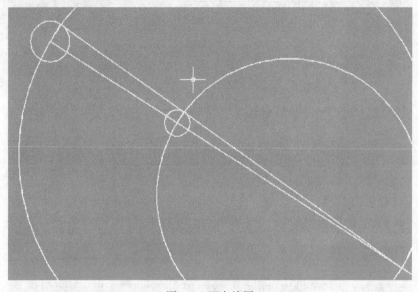

图 8-4　两点绘圆

现在按图 8-5 连接出圆与圆交点的连线，虚线部分就是所要找的外公切线。

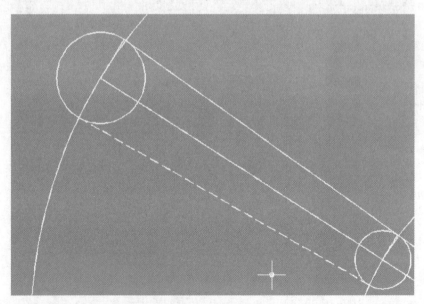

图 8-5　外公切线绘制

去掉多余的线条并以两小圆圆心连线为镜像轴线，将虚线复制到两个圆形的上部，如图 8-6 所示。

下面进行验证，以圆心做直线起点连接外公切线端点，使用标注的角度功能按图 8-7 中方式看看夹角是否是 90°00′00″。

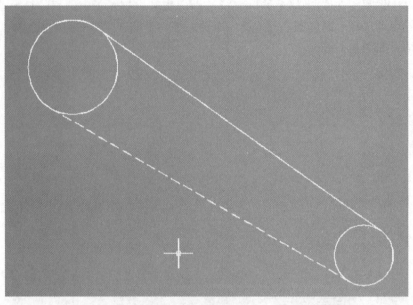

图 8-6　镜像

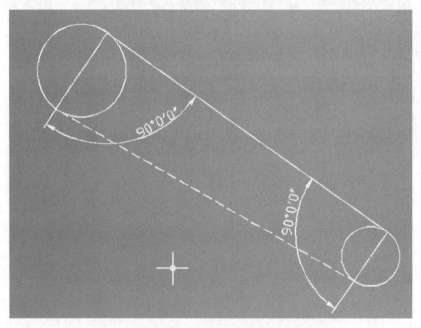

图 8-7　角度验证

8.1.2　内公切线

内公切线做法与外公切线差不多，将图 8-2 所示的步骤按图 8-8 完成，不同之处是被复制的垂线一次以下端点为基点复制，一次以上端点为基点复制，直线连接垂线与两个圆的交点，下面又开始作两个辅助圆。

仍然按两点法作圆，起点是上一条直线与两圆心连线的交点，另一端点分别是两圆圆心,结果如图 8-9 所示。

连接圆与圆交点,图 8-9 中的虚线就是所需的内公切线,去掉多余线条后同样按图 8-7所示方法验证图 8-9 结果的正确性。

上面两种切线的绘图过程的数学原理是什么?用 CAD 制图过程还会遇到很多类似问题,如要考虑最短路线问题,这更是纯粹 CAD 所不能解决的,所以最终决定 CAD 制图水平的是制图者的数学水平。

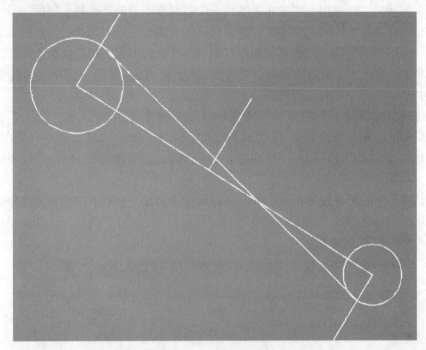

图 8-8 辅助圆绘制

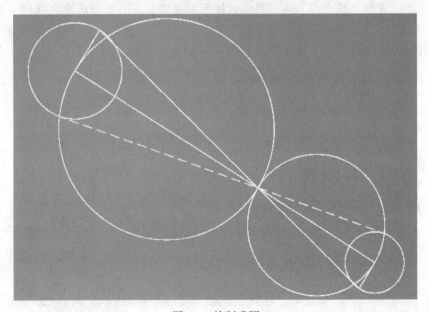

图 8-9 绘制成圆

8.2　巷道转弯的设计

8.2.1　设计转弯巷道

无论是开拓系统还是采场单体设计都需要巷道布置,现在的采矿已经朝着机械化方向发展,电动铲运机广泛应用,采场布置的核心问题就是考虑铲运机行走问题。

巷道宽度在满足铲运机宽度同时,还要保证行人通过。再有就是铲运机的最小转弯半径及爬坡能力,井下道路、光线环境远没有地表条件好,不能按铲运机参数正好取值,都要留有富余量。以 1.5m³铲运机为例,转弯半径最小 5.1m,实际应用中设计转弯半径是8m,在使用 6m 转弯半径时就容易撞墙。

下面进行实际绘制,巷道宽 3m,转弯半径 8m,转弯角度 58°。

先在绘图区绘制一条长 20m,倾角 23°的直线,即 "@ 20<23d"。下一条直线转角当然要对起始直线方向而言,如何实现在相对于上一直线方向转 58°? 可以通过坐标旋转达到目的。

到目前为止一般都是使用绝对坐标,坐标从没移动过。在数学中有移动坐标原点到新位置来简化方程形式的方法,CAD 同样可以。弹出图 7-1 所示工具列表,选择 "UCS" 工具,出现工具栏如图 8-10 所示。

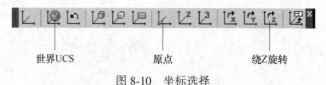

世界UCS　　　　　　原点　　　　　　绕Z旋转

图 8-10　坐标选择

CAD 中默认的坐标系是 "世界 UCS",首先选择 "原点",命令行提示 "指定新原点<0,0,0>:",光标变成十字,选取倾斜直线下面的端点,坐标指示随之移到了上面,结果如图 8-11 所示,下一步点击 "绕 Z 旋转",命令行提示 "指定绕 Z 轴的旋转角度<90>:",这里看似应该输入角度,但实际先用鼠标点一下新的坐标原点及直线下部端点。命令行马上提示指定第二点,用鼠标选取上部端点即可,结果如图 8-12 所示。

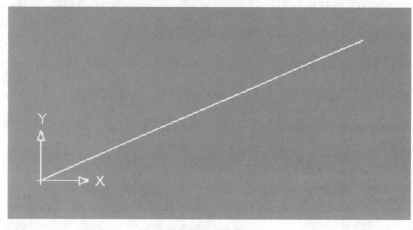

图 8-11　旋转

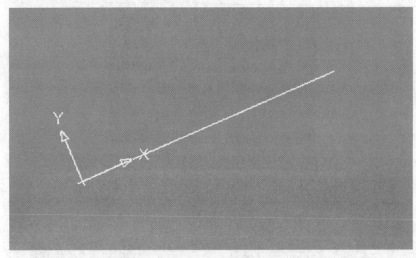

图 8-12 端点拾取

坐标变成倾斜的了，现在可以在直线上部端点输入与此直线呈 58°角的直线了。选取直线功能后输入"@20<58d"就完成了。

但现在的坐标读数已经没有意义了，需要将坐标还原，选取"世界 UCS"后，坐标立刻还原到默认状态。一幅图的坐标最后一定要还原到原始状态，防止误读。余下的坐标功能与三维作图关系较密切，这里不再讲述。

选择两直线的交点作起点任做一条直线，长度要长一些，此条直线在后续过程不能删除。巷道常见宽度是 2.4m，向两侧偏移两条直线，偏移距离输入 1.2，结果如图 8-13 所示。下面开始绘制转弯圆弧。

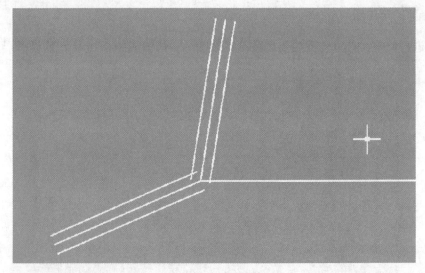

图 8-13 直线偏移

选取圆功能后，根据需要选择"T"，提示制定与圆的第一个切点，将光标移到其中一个被偏移直线上时出现一个切点标志，此时点鼠标左键确认，如图 8-14 所示。然后提示指定另一个切点，类似地，选另一直线。最后提示指定圆半径，输入 8。结果如图 8-15 所示。

图 8-14　递延切点

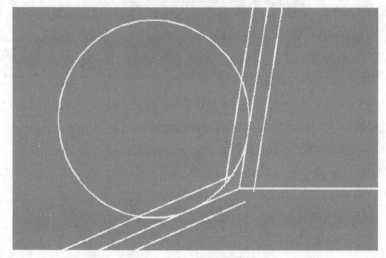

图 8-15　圆的半径确定

8.2.2　修剪完成绘图

　　下面进行修剪，选取修剪功能后按空格键确认，修剪成图 8-16 所示的样子。

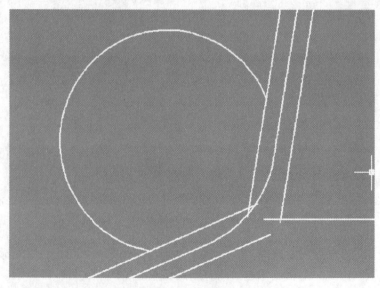

图 8-16　修剪

　　偏移修剪得到的圆弧，偏移距离是 1.2。然后仍进行修剪、删除，得到图 8-17 所示结果，转弯绘制完成了。以下工作是修饰加标注参数。

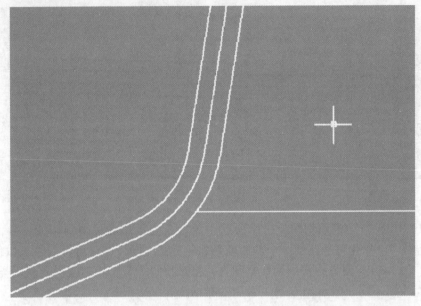

图 8-17　轨道加工

　　巷道中心线习惯用"CENTER"线形，加载需要的线形后分配给中心线。设计工作还要提供巷道转弯的起点、终点、弦切点坐标，并在图上标出位置，弦切点是刚才留着的辅助直线的端点，已经标出，留辅助直线就是此目的。选取直线功能，将光标放到中央圆弧线上，出现白色十字标记时将光标移到上面，白色十字标记变成圆心标志，表示圆弧的圆心，点击圆心向中央线的直线部分作垂线，共有两条垂线。按图 8-18 所示方式取得两垂足

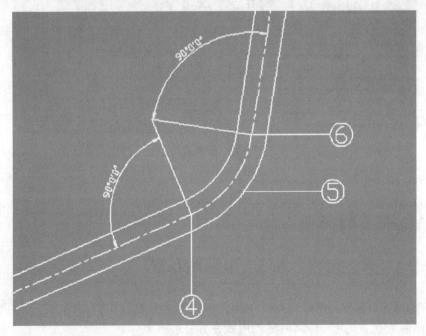

图 8-18　绘图检验

点坐标数据后连同弦切点坐标填入图 8-19 所示的表格中，在此两条垂线是否就是准确的。实际绘制过程在此处容易出错，按图中的方式检验一下，如图 8-18 所示，无误后去掉标注。

点号	起点	距离	方位角 。 ′	x	y	z	转角 。 ′ ″	R (m)	T (m)	L (m)
7										
6				31314.041	99689.415					
5				31315.346	99688.614		58 00 00	8.00	4.43	8.10
4				31351.292	99666.552					
3										
2										
1										

坐　标　数　据

图 8-19　表格绘制

图 8-19 中的"T"表示切线长，标注点 4 到点 5 间距离即可得到切线长数值，"L"表示弧长，图 7-2 中坐标标注前一个功能就是弧长标注，同样做法可得到弧长数值，一并填入表中。图 8-19 是设计中常用的数据图表，将来我们所工作的矿山也会使用类似图表，格式安排会有所不同。图 8-20 是另一常用的数据图表。

序号	名称	长度 m	掘断面 m²	净断面 m²	工程量 m³	支护量 m³
8	合　计				1977.39	165.11
7						
6						
5						
4						
3						
2	220m回风巷	189.63	4.69	4.34	889.36	66.37
1	220m运输巷	193.60	5.62	5.11	1088.03	98.74

工　程　量　表

图 8-20　数据表格

标题栏、坐标数据、工程量是一幅图中必不可少的三张表，在采场的分段或分层设计中是必备的，数据写入表格中远比写在图形当中要整洁漂亮。上述三类图形要做成模板文件，不必每张图纸都重新绘制。

8.3　坐标网布置

尽管在 CAD 中有方便的坐标可供使用，但图形终究要打印到图纸上，到了图纸上就没有了坐标参考点，此时坐标网格的作用就充分显现出来。

坐标网格表示的最小单位是多少合适？10m 过于密集，1000m 对日常应用太大，有的矿体走向都未必能达到 1000m。200m 坐标网格在图板时代较常用，但对电脑输入比例为 1：300 时不能出现整数，最佳的最小坐标网格单位是 100m，满足不太小也不太大，关键是不管输出比例如何都可得到整数。而对于区域地形地质图等综合全面图件，单个方格才可能用 1000m。

8.3.1 坐标网格布置

坐标网格只对打印到图纸上时才起作用，平常绘图时反而影响选点，所以可将其单独放在一个图层，平时不显示。

最常见的网格是"田字形"，但图形密集时影响观察，如图 8-21 所示，大多数时间人们是通过图形了解设计意图，主要坐标信息、工程尺寸已经写在表格里。所以另一种对坐标线的使用是保留交叉点的部分，仅用"十"字表示。对具体的矿山，坐标网起始点应当选靠近勘查区或矿区范围边界的整数点开始，以 4.2.2 节表 4-1 中的矿区坐标为例，生产实践中为了方便应用通常只取小数点前 5~6 位数字而去掉高位不变的位数，本例中取 1 号点的 (95706，42500)，将矿区范围以 1 号点位基点，移动到上述新坐标点，向坐标数据减小的方向取整为 (95700，42500)，因单个网格为 100m，所以首选数值的最后两位数必须是"0"。以此点为圆心绘以直径 10m 的圆，然后在圆内绘制十字交叉的直线通过圆心并截止到圆周。粗略测一下矿区范围，本例中水平 598m，垂直 1752m，下面开始复制刚画好的坐标交叉点。

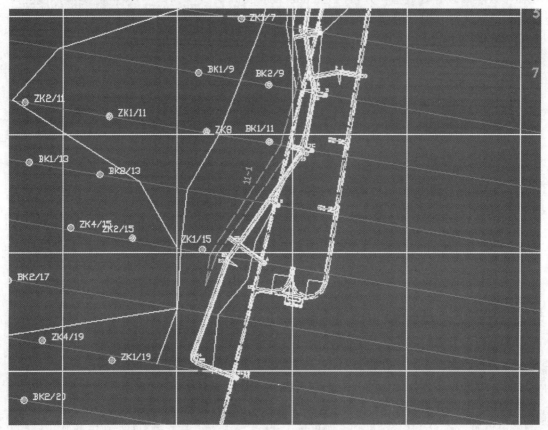

图 8-21　常见矿井坐标网

　　如果以复制方式在水平方向上复制 8 个，然后将水平上的全部交叉点在竖直方向上复制 20 次，这种操作比较繁琐，使用阵列功能可将其简化。

　　在左侧工具栏编辑部分寻找 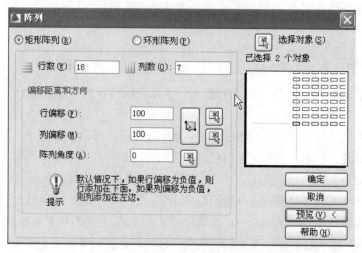，鼠标左键点击后弹出图 8-22 的对话框，显然我们需要

图 8-22　阵列对话框

的是矩形阵列，所以首先要选中"矩形阵列"，然后按图中数字修改各处数值，方格网是 100m 的，行列偏移值输入 100（加负号就是向相反方向阵列），行数和列数先输入 20、8，然后点击选取对象功能，对话框消失。选择画好的十字交叉点，确定后回到对话框，再选择预览看看是否满意，不满意按"Esc"键返回对话框修改，本例中行列数为 18、7 较为合适，满意后点击确定结束，结果如图 8-23 所示。

8.3.2　连续坐标标注

　　（1）在图 8-23 周围加一矩形边框，通过 4 个角上的坐标交叉点，然后偏移 50m（主观感觉合适即可），删除原矩形。下一步标出坐标。弹出标注工具栏，选取坐标标注功能，先从最左下角开始，按提示选择十字交叉点中心点击后在命令行内输入"@0，-10"，即先输入水平坐标。完成后先不要急于进行下面的标注，先进行调整。打开图 7-14 界面，将线部分的起点偏移量、超出尺寸线都改为 0，文字部分的文字位置改为水平居中和垂直居中。文字高度和从尺寸线偏移两项根据自己认为的美观方式调整，按此方式调整，后续在进行的坐标样式都一样。

　　（2）如果感到这样修改麻烦，则可选中第一个标

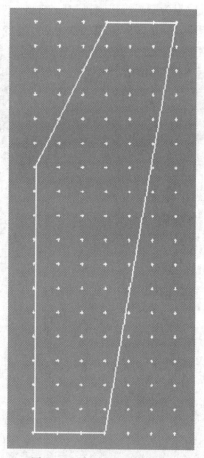

图 8-23　阵列后的图像显示

好的坐标，右击鼠标键，在弹出列表底部选择"特性"，弹出对话框里面的"直线和箭头"中"延伸线偏移"改为0，"文字"中"垂直放置文字"改为"置中"，文字高度这里可以改为8，如图8-24所示。调整完毕关闭特性对话框，也可达到上一种方式效果，继续下一个坐标标注，但与后续标注仍然保持原样，这一点与第1种方法不同，如图8-25所示。要想修改成一样的当然不能一个一个调整。在上部工具栏内寻找 ✏，如果你用的是CAD2007以下版本就寻找 ▦，此工具称做"特性匹配"。用鼠标左键点击后命令行提示"选择源对象"，选择已经标好的第一个坐标后命令行又提示"选择目标对象或〔设置（S）〕:"，使用多目标选择方法选中图8-25中"小"的坐标标注，变成虚线后再点下鼠标左键，就同第一坐标标注一样了。

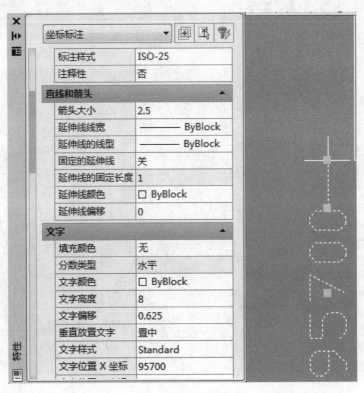

图8-24 特性设置

同样进行竖直方向的坐标标注，输入"@-10，0"，结果仍然是较小的状态，完成后选择任一个水平标注做样本，用特性匹配功能一次改为同水平标注一样的状态，效果如图8-26所示。

8.3.3 导入图形

图8-27是某个矿山的分层平面图，包含分层矿体边界、溜矿井、斜坡道。图8-28是下一分层的矿体边界图，如进行采场设计得需要溜矿井位置，但图中没有，只有斜坡道。在图8-27中抄下溜矿井位置坐标，在图8-28中输入会是一个选择，前面讲过，CAD精度远比看到的数字位数多，正确的做法有两种。

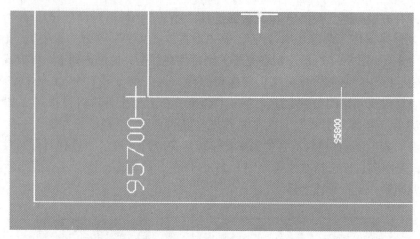

图 8-25　坐标标注

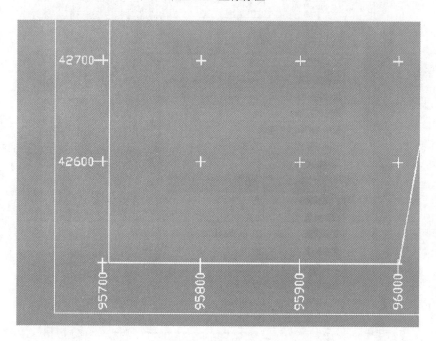

图 8-26　特性匹配

（1）选择图 8-27 中的两个溜矿井，然后在绘图区域内右击鼠标，弹出对话框如图 8-29 所示，选中复制后转到图 8-28 中，同样在绘图区域内右击鼠标，同样出现图 8-29 的对话框，选择粘贴到原坐标，两幅图中的溜矿井位置就一模一样了。此种方法要求图形位置仅与坐标相关。

（2）同样在图 8-27 中选择溜矿井，在图 8-29 选项中选择带基点复制，对话框消失，光标变成十字点选取状态，如图 8-30 所示，基点选取根据需要选择，这里选择斜坡道入口点，选择完毕后光标变成图 2-2 状态，这时转到图 8-28 中在绘图区域内右击鼠标，同样出现图 8-29 的对话框，选择粘贴，光标变成十字，同时伴随光标移动的还有要粘贴图形的虚线形状，命令行提示"指定插入点"，同样选择斜坡道入口点，点击鼠标左键后，溜矿井同样就位。

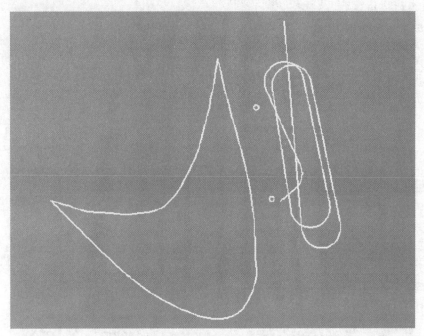

图 8-27　某矿分层平面图

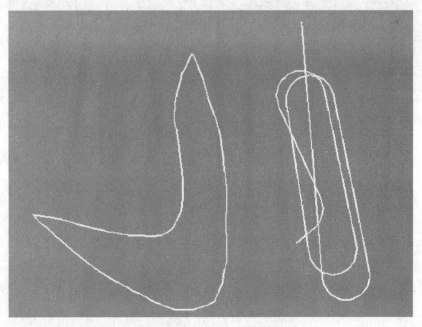

图 8-28　下一分层矿体边界图

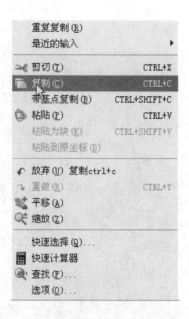

图 8-29　图形复制

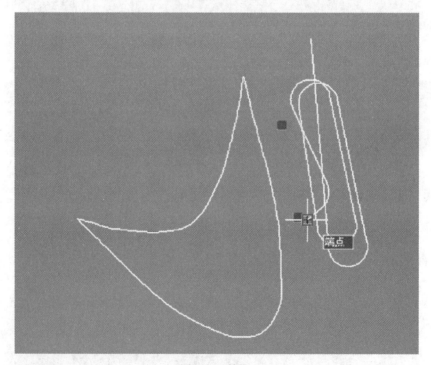

图 8-30　拾取

　　此种方法用于图形间联系紧密、跟坐标无关的情况，尤其是绘制井巷工程安装图时可利用已有"零件"拼接到特定位置，十分方便。

　　将另一文件的图形导入会将导入图形所在文件所属图层一同复制过来，复制完毕后必须重新规划一下图层。如两个文件使用的字体不同，也要归为统一，完毕后文件不可避免地会产生一些无用的垃圾。要养成清理垃圾的习惯，操作方法是点击文件菜单—绘图使用程序—清理，如图 8-31、图 8-32 所示，选中图中打对号的地方，然后点"全部清理"功能点，下面的提示一律选择全部。清理完毕后的图形再次打开时可避免一些不必要的提示和选择以提高绘图效率。

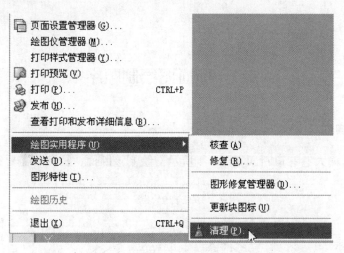

图 8-31　清理

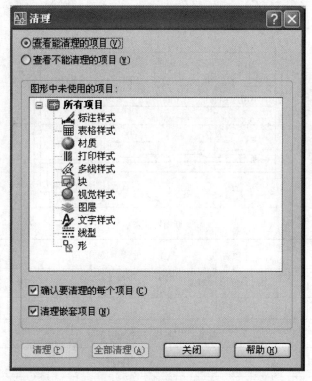

图 8-32　完成清理项目

9 矿井常用断面图（平巷断面图）的绘制

9.1 断面图绘制顺序

9.1.1 断面图实例

某矿双轨运输大巷巷道断面如图 9-1 所示，绘制该断面，标注不需要完成。

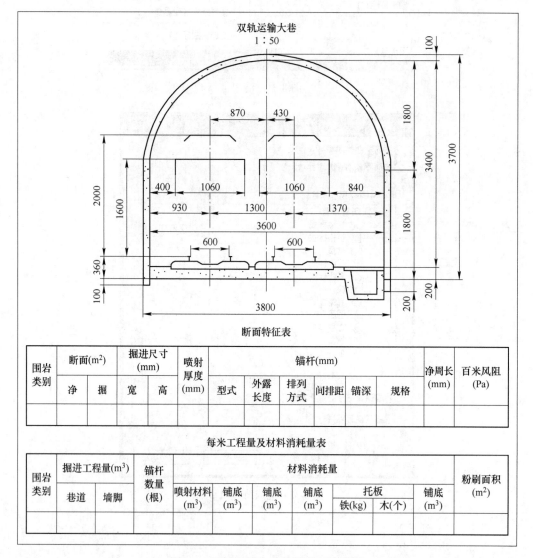

断面特征表

围岩类别	断面(m²)		掘进尺寸(mm)		喷射厚度(mm)	锚杆(mm)						净周长(mm)	百米风阻(Pa)
	净	掘	宽	高		型式	外露长度	排列方式	间排距	锚深	规格		

每米工程量及材料消耗量表

围岩类别	掘进工程量(m³)		锚杆数量(根)	材料消耗量						粉刷面积(m²)
	巷道	墙脚		喷射材料(m³)	铺底(m³)	铺底(m³)	铺底(m³)	托板		
								铁(kg)	木(个)	铺底(m³)	

图 9-1 双轨运输大巷巷道断面的绘制

9.1.2 分析平巷巷道断面的组成

巷道形状为半圆拱形，由架线弓子、电机车轮廓线、工字钢、混凝土轨枕、墙脚、水沟及盖板组成，除此之外还有两组巷道参数表格。

9.1.3 具体绘制顺序

新建文件并保存；设定图形界限；创建图层；创建文字和表格样式；定位；绘制小图元；绘制表格；检查。

9.2 绘制具体步骤

9.2.1 建立基本框架

（1）新建一个 CAD 图形文件，取名为"双轨运输大巷巷道断面图"。

（2）执行"图形界限" Limits 命令将栅格区大小设置为 184mm×260mm。

（3）执行"图层"命令，按照表 9-1 进行各个图层的创建及颜色、线型、线宽的选择和加载，并对线型意义进行简要的说明。

表 9-1 绘图所需的图层

序号	图层名称	颜色	线型	线宽/mm	线型意义
1	L-轮廓线	红色	Continuous	0.5	巷道净断面线
2	L-中心线	40	Center	0.18	巷道、轨道中心线
3	L-次轮廓线	黑色	Continuous	0.25	巷道毛断面及其他图元线
4	标注	蓝色	Continuous	0.13	尺寸标注
5	图框	黑色	Continuous	0.3	图纸内外框
6	图表	黑色	Continuous	0.15	文字标注、表格
7	辅助	255	Continuous	默认	辅助定位
8	填充	黑色	Continuous	0.13	填充图案

（4）执行"文字样式"命令，按照表格 9-2 创建文字样式。

表 9-2 文字样式

序号	样式名	字体	字高	宽度比例	应用对象
1	ST4	TT 宋体	4	1	图名
2	ST3.5	TT 宋体	3.5	1	比例
3	FS3.5-0.75	TT 仿宋_ GB2312	3.5	0.75	表格名称
4	FS2.2-0.75	TT 仿宋_ GB2312	2.2	0.75	表格正文
5	TNR2.2	Times New Roman	2.2	1	尺寸标注

（5）执行"表格样式"命令，按照表格 9-3 创建表格样式。

表 9-3　表格样式

序号	选项卡	文字样式	对齐	填充颜色	备　注
1	数据	FS2.2-0.75	正中	无	其余取默认设置
2	列标题	—	—	—	不包含页眉行
3	标题	—	—	—	不包含标题行

9.2.2　完成绘制

（1）将"图框"层设置为当前图层，使用"矩形"命令对图形的外图框进行绘制，其尺寸为 184mm×260mm，如图 9-2（a）所示。将绘制好的矩形框分解，按照 24、20、27、20 的偏移距离分别对图框的上、下、左、右四边执行"偏移"命令，结果如图 9-2（b）所示。

（2）将偏移生成的四段直线段的超出部分修剪掉，并将其放大 50 倍。按照图 9-3 所示尺寸进行定位线的创建。图中各直线段表示的意义如下：

直线 AA 为巷道中心线；

直线 BB、CC 分别为轨道中心线；

直线 DD、EE 分别为巷道左、右毛断面帮线；

直线 FF 为巷道底板线；

直线 GG 为碴面线；

直线 HH 为轨面线；

直线 JJ 为电机车轮廓线位置；

直线 II 为架线弓子位置。

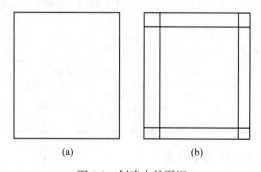

（a）　　　　　　（b）

图 9-2　创建内外图框

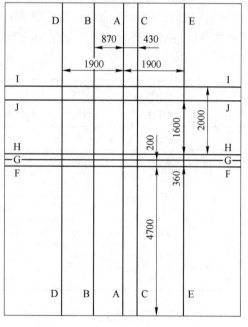

图 9-3　生成定位线

创建步骤：将"辅助"层设置为当前图层，创建直线 AA 并按照图示尺寸偏移生成直线 BB、CC、DD、EE。

将内图框下框线向上连续偏移得到直线 FF、GG、HH、JJ、II，并将其图层放置在"辅助"层内。

（3）用直线命令绘制巷道净断面，偏移生成毛断面，绘制左右墙脚，如图 9-4 所示。然后将净断面置于"L-轮廓线"层内；毛断面置于"L-次轮廓线"层内。

（4）将"L-次轮廓线"层置为当前，按照图 9-5 所示尺寸完成各小图元的绘制。

(a)
(b)
(c)

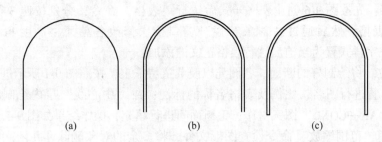

图 9-4 断面及墙脚的绘制

（a）绘制净断面；（b）生成毛断面；（c）绘制左、右墙脚

100
100
800
(a)
250
1060
(b)
60 336 84
120
40
80
1200
(c)
32
80
66
(d)
50
600
(e)
400
400
350
(f)

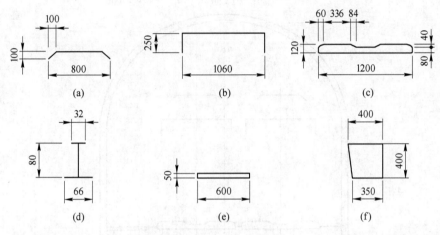

图 9-5 各图元的尺寸

（a）架线弓子；（b）电机车轮廓线；（c）轨枕；（d）T 字钢；（e）水沟盖板；（f）水沟

（5）绘制巷道特征表并完成相应的文字注释。表格的尺寸如图 9-6 所示。

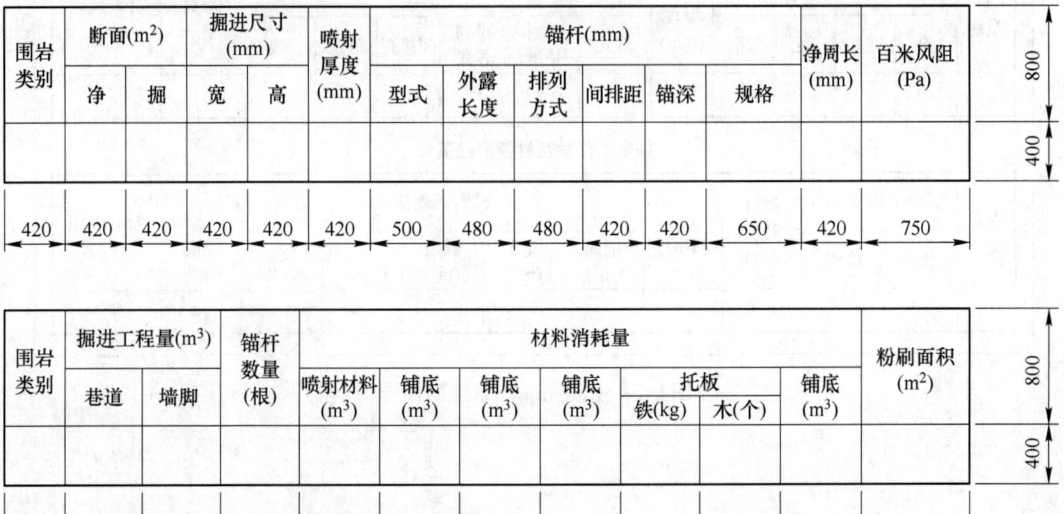

围岩类别
断面(m²)
净
掘
掘进尺寸(mm)
宽
高
喷射厚度(mm)
锚杆(mm)
型式
外露长度
排列方式
间排距
锚深
规格
净周长(mm)
百米风阻(Pa)
800
400
420 420 420 420 420 420 500 480 480 420 420 650 420 750
围岩类别
掘进工程量(m³)
巷道
墙脚
锚杆数量(根)
材料消耗量
喷射材料(m³)
铺底(m³)
铺底(m³)
铺底(m³)
托板
铁(kg)
木(个)
铺底(m³)
粉刷面积(m²)
800
400
420 540 540 540 550 550 550 550 550 550 550 750

图 9-6 巷道特征表的尺寸

　　绘制步骤：先按图 9-6 创建表格样式后执行"表格"命令，分别按照 3 行 14 列和 4 行 12 列创建表格。然后通过"对象特性"窗口依次修改各单元格高度和宽度值。将 FS2.2-0.75 文字样式置为当前后进行表格正文的添加。

　　（6）归位。将绘制好的断面、各图元以及巷道特征表，按照图 9-1 所示进行归位，并在图中适当位置进行图名、比例及表格名称的标注；在"中心线"层内绘制巷道与轨道中心线；以"AR—CONC"图案对净、毛断面间进行填充，操作结果如图 9-7 所示。

　　（7）使用"范围缩放"命令检查图形文件，将多余的对象删除，并依次检查各对象的特性，使其与该对象所在图层的特性匹配。

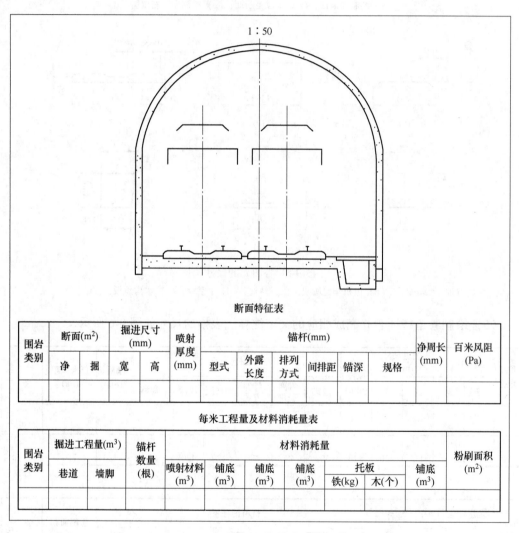

图 9-7　绘制完成的巷道断面图

10 矿井常用平面图的绘制

10.1 开拓平面图的绘制

矿井开拓平面图绘制的依据是井田开拓设计中确定的方案及相关参数，而井田开拓设计是在井田地质勘探的基础上进行的。在我国的煤炭探明储量和年产量中，急倾斜煤层所占比例不到5%，因而在矿山现场，矿井开拓平面图是最为常见的矿井开拓方式图。

10.1.1 依据基本地质条件进行开拓方案设计

某矿井田深部以各煤层的-1200m底板等高线为界，浅部以各煤层冲击层防水煤柱线为界，西部、东部以相邻矿井为界。井田走向长6.0km，倾向长2.7～3.9km。煤层平均厚度33m，平均倾角14°。煤层赋存条件好，可采煤层为7、9、12层煤，且井田中间部分煤层厚且属于缓倾斜煤层。经过对地质条件的分析，进行详细的技术比较和经济比较后确定的开拓方案为：矿井采用立井开拓，分3个水平开采，每个水平均开采上山阶段，第一水平标高为-835m，第二水平标高为-1020m，第三水平标高为-1200m。在阶段内，由于井田阶段走向较长，故采用分区式划分，每个阶段沿走向划分为2000m的采区。采用倾斜长壁采煤法开采。井底车场形式确定为立式环行车场，东西翼大巷来车均经石门进入井底车场。考虑到各煤层间距较小宜采用集中大巷采区联合布置，为减少煤柱损失和保证大巷维护条件，阶段运输大巷、阶段回风大巷及采区上山均布置在12煤层底板岩层中，阶段大巷距12煤层底板20m，采区运输上山和轨道上山保持20m的间距，轨道上山距煤层底板12m，运输上山距煤层底板10m。

10.1.2 绘图环境的设置

（1）设置图幅。本例以1∶1的比例绘制图纸。设置图形界限为6200×4200。

（2）线型设置及定义。在开拓平面图中，需要的线型有实线、停采线、断层上下盘线、点划线、虚线、露头线、煤柱线等，这些线型有的由系统提供，而有的需要用户自己定义并装载到相应的图层中去。本例中共定义了5种线型，分别是井田边界、采区边界、断层上盘、断层下盘和煤柱线。首先选择"开始→程序→附件→记事本"，在记事本中创建文件"mineline.shp"，内容如下：

```
;; 采矿线型文件 mineline.shp
*130, 4, CIRCLE
10, 1, -040, 0
*131, 14, CROSS
012, 002, 01A, 001, 01A, 002, 012, 001, 016, 002, 01E, 001, 01E, 0
```

*132, 14, PLUS (+)

018, 002, 010, 001, 010, 002, 018, 001, 014, 002, 01C, 001, 01C, 0

　　保存该文件后，在 AutoCAD 命令行中输入"compile"命令并回车，在弹出的"选择型或字体文件"对话框中选择"mineline. shp"文件后，单击"打开"按钮，系统会将"minehne. shp"文件编译并生成文件"mineline. shx"。接着，在记事本中再创建"mystyle. 1in"文件，内容如下：

　　;; 开拓平面图线型 mystyle.1in

　　*煤柱线1, …0…0…

　　A, 12, 1, [CIRCLE, mineline, shx, S=1], -3, 12

　　*采区边界, …—…—…

　　A, 5, -1, 3, -1, 5

　　*井田边界, …+…+…

　　A, 13, -5, [PLUS, mineline, shx, S=1], -5, 13

　　*断层上盘,? …? …? …? …

　　A, 10, -3, 0, 2, -3, 10

　　断层下盘, ……*…*…

　　A, 10, 3, [CROSS, mineline.shx, S=0.5, Y=0], -3, 10

　　至此，线型文件定义完毕。

　　(3) 图层设置。开拓平面图记录的信息比较多，应用分层技术绘制是一种比较可行的方法。由于开拓平面图中有许多不同的对象，如线条和文字等，为了便于管理和编辑，必须利用图层来组织图形。为此，在绘制前还应对开拓平面图进行图层信息的设计与设置，内容包括设置哪些图层，每个图层的名称、用途、线型及颜色等。在绘图过程中，为了提高图形的处理速度，可将与当前操作无关的图层冻结，使系统在当前层操作，再显示冻结图层上的图形对象，这样能加快缩放、扫视、再生成和图形对象选择等操作的速度。一般应把图形中的图形对象进行分类，比如在开拓平面图中可以将经纬网和图框、断层、钻孔、不同煤层的巷道、岩层巷道、注释及图形的尺寸分类存放在不同的层里。当图形变得复杂时，各层可以随时打开或关闭，这样就比较容易进行显示和修改。本图共分了13个图层，如图 10-1 所示。

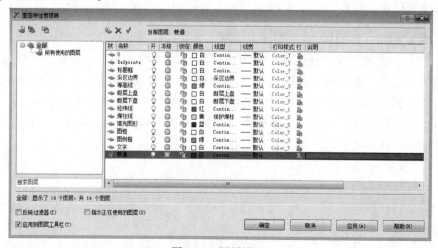

图 10-1　图层设置

为便于图层的管理与检查，可对各图层设置不同的颜色。其中需要注意的是，255号颜色是可显示而不可打印的，因此该颜色只能用于辅助线的绘制。在图层特性管理器界面中选择相应图层的"线型"栏，在出现的"选择线型"对话框中选择"加载"，再在出现的对话框"加载或重载线型"中选择"文件"按钮，选择自定义的线型文件"Myline.1in"并打开，则系统会返回"加载与重载线型"对话框，选择"确定"按钮就完成了线型的设置。图10-2中显示了已经装载过的这5种线型。值得注意的是，所有定制的线型都是结合具体的图形定制的，使用者应当按照所绘图形的实际情况并结合有关规定加以补充修改。

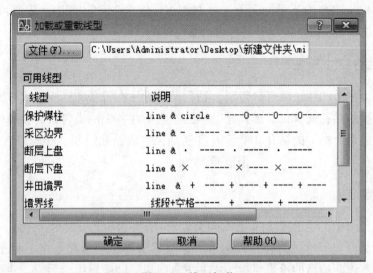

图10-2　线型加载

（4）文字样式设置。《煤矿地质测量图例》中对矿图中的汉字、字母、数字的字体大小都作出了明确规定。字体的大小、类型与使用场合和绘图比例有关。对于采掘工程平面图而言，字体样式的设置应参照表10-1所列的内容进行设置。

表10-1　标记字体的设置

字体类型	字样规格						字样名	适用场合
	1：500 1：1000		1：2000		1：5000			
	高度	宽度	高度	宽度	高度	宽度		
仿宋体	3.5	3.5	3.5	3.5	3.0	3.0	Z1	竖井、斜井及平硐的名称
正等线	3.5	3.06	3.5	3.06	3.0	2.01	Z2	巷道、边界、断层等名称
正等线	2.5	1.00	1.6	0.90	2.0	1.34	Z3	测点编号等
正　体	2.5	1.5	2.0	1.20	2.0	1.2	Z4	高程、煤厚等数字标记
正　体	3.0	2.01	3.0	2.01	2.5	1.6	Z5	工作面编号
正　体	3.0	2.01	2.5	1.6	2.5	1.25	Z6	工作面回采年度、钻孔号
正　体	8.0	5.0	8.0	5.0	8.0	5.0	Z9	剖面符号

10.1.3　绘制图框、标题栏和经纬网

图框可以根据图幅直接绘制，标题栏可以按行业标准绘制，最好用Offset命令绘制各

栏，这样每栏的间距可以控制得很好。经纬网的绘制十分重要，一个可行的方案是：在图形中间部位选择两条相交的经纬线较精确地描出。然后分别向两旁用 Offset 命令以 10 为间距平行复制，这样可以把误差控制在最小范围内。

10.1.4　绘制等高线、断层线、煤柱线

煤层底板等高线可用 Splice 命令绘制，线型用实线，绘制时应尽量保证绘制出的等高线与原图吻合并保持光滑。在绘制等高线时，应该在适当的位置将标高标注上去，注意要把标注的文字放到文字层中。断层也是用 Splice 命令绘制，线型用自定义的断层上下盘线型，同样也要将断层参数及时标注上。如有露头线时绘制大体同上，停采线和煤柱线用 Line 命令或者 Polyline 命令采用它们各自的线型绘制。

10.1.5　绘制钻孔及其标注

钻孔符号由图形和注记两部分组成。钻孔及其标注在符号和标注格式方面有严格的规定。就某一类型的钻孔而言，其形式是一样的，它标注各个同类参数的相对位置也是一定的，所以可以先做个标准的钻孔，然后通过复制，完成钻孔绘制。接着修改它们的参数。也可以做好钻孔的图元，再一个一个地插入。

10.1.6　绘制巷道

在采掘工程图中，巷道要求采用不同类型和结构的图线来表示，《煤矿地质测量图例》把巷道分为 9 类，常见的有岩石巷道、煤层巷道等。巷道在采掘工程平面图上投影的几何形状由巷道两边帮的投影组成，主要由直线段、圆弧段组合而成。巷道的绘制应注意其位置关系，处理好巷道之间的连接和隐藏线的消除，包括同一水平的巷道相交、不同水平的巷道交岔以及巷道之间的连接等。由于巷道在空间上处于不同的层次上，当投影到水平面上时会出现遮挡问题，需要处理好消隐关系。巷道之间的位置关系有 4 种：（1）下穿，即新绘巷道从原有巷道下部穿过，新绘巷道需要在穿过处断开；（2）相交，新绘巷道与原有巷道在同一水平面上交汇，两种巷道要在相交处断开；（3）上跨，新绘巷道在原有巷道上部跨过，原有巷道需要在跨过处断开；（4）相接，新绘巷道与原有巷道相连接，此时要断开连接处被连接巷道在连接一侧的线条。绘制巷道的顺序是：按巷道类别先画开拓巷道，再画准备巷道，最后画回采巷道，按岩性可按岩巷、上层煤巷、下层煤巷的顺序先分层绘制，再由上向下修改交叉关系。

巷道可以用 Line 或 Polyline 命令绘制，要保证巷道两帮的平行及每条巷道的宽度相等。可以画出巷道的一帮，再用 Offset 命令以相同的间距绘制平行线，还可用 Mline 命令绘制巷道。不同类型的巷道由于线型不同，最好将不同类型的巷道存放在不同的层里。

10.1.7　绘制其他部分

开拓平面图上其他部分的绘制方法比较灵活，如风门、煤仓、剖面线、矸石及指北标记等。最终绘制效果如图 10-3 所示。

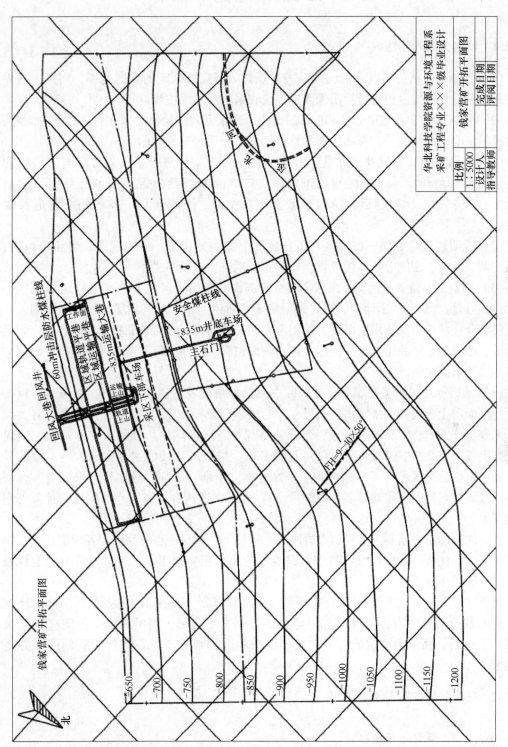

图 10-3 开拓系统平面图

10.2　绘制采区巷道布置图

10.2.1　绘制方法和步骤

（1）绘制出采区边界线，留设采区边界煤柱。根据所圈定的采区范围，用采区边界线专用符号、煤柱线专用符号绘出采区边界线和采区边界煤柱线。

（2）绘制出运输大巷和总回风巷。根据井田开拓方式图绘出与采区有关的运输大巷、总回风巷，明确运输大巷、总回风巷的具体位置，标明大巷底板标高。

（3）区段划分和采准巷道布置。根据采区设计方案，进行区段划分，确定区段的数目、区段倾斜长度。在采区巷道布置图上用双点划线绘出区段间的分界线，绘出采区上（下）山、区段巷道，绘出采区上部、中部、下部车场、各种联络巷道及硐室口。

（4）标明通风构筑物。在采区巷道布置图上适当的位置，采用规定符号绘出风门、风桥、调节风窗、密闭等通风构筑物，标明新鲜风流、乏风路线。

（5）绘制主要位置剖面图。采区主要位置剖面图即沿采区主要上（下）山或盘区上（下）山巷道位置绘制的剖面图。首先根据采区地质说明书、采区煤层底板等高线图、采区煤层综合柱状图，搞清煤层厚度、煤层群之间的层间距、煤层顶底板岩性和厚度、煤层倾角等，然后在采区巷道布置平面图上标出剖面位置，对照采区巷道布置平面图，绘制出采区主要巷道剖面图。

（6）采区标注。为了直观地反映采区主要技术参数及巷道布置情况，在采区巷道布置平、剖面图上，应注明采区内有关尺寸、巷道名称及采煤工作面等。1）采区内有关尺寸：采煤工作面的长度和推进长度，采区边界煤柱、区段煤柱、采区上（下）山之间煤柱及井上、下其他保护煤柱尺寸。2）巷道名称：与采区连接的主要运输大巷、总回风巷、石门名称，采区上（下）山名称、采区上部、中部、下部车场名称，采区内各种联络巷道及硐室名称，区段巷道名称或编号。3）标注采区内各采煤工作面编号、首采工作面位置。

需要注意的是在绘制采区巷道布置图时，经纬网、煤层底板等高线、各种煤柱线、停采线、尺寸标注线等均应以细实线表示，煤层巷道用粗实线表示，岩层巷道用粗虚线表示，且一般采用双线。

另外，在采区巷道布置图上，应有说明及图例部分。说明部分主要包括图件设计依据、特殊情况的处理措施及设计范围等。要做到文字精练，简明扼要，图例应尽量采用采矿、地质、测量中规定的符号。通常说明和图例部分布置在图件的右侧或下方适当位置。

10.2.2　采区巷道布置图绘制实例

10.2.2.1　煤层地质特征

本例中采区范围有 3 层可采煤层，即 7、9 和 12 煤层。其中主采煤层为 9 煤层，最大厚度 4.40m，最小厚度 0.35m，平均厚度 2.20m；最大倾角 17°，最小倾角 11°，平均倾角 14°。

该煤层伪顶和直接顶一般为黏土岩，厚 3.0m，局部为粉砂岩，厚 4.0m，底板为细砂岩，局部为黏土岩，厚度 25m，顶底板岩石坚固性较好。9 煤层有自然发火倾向，瓦斯涌出量较少，含水量中等，局部较强。

10.2.2.2 采区巷道布置方案设计

（1）确定采区走向长度。本采区地质构造简单，煤层倾角变化不大，走向长度确定为 2000m，为双翼布置。

（2）确定区段斜长和区段数目。采区斜长 771m，区段采用沿空留巷方式，上区段运输巷供下区段回风用，共分为 4 个区段，工作面长 190m。

（3）采区上山布置。由于采区矿压大，巷道维护困难，且煤层有自然发火倾向，所以采区上山均布置在 12 煤层的底板岩层中。

采区运输上山和轨道上山保持 20m 的间距，轨道上山距煤层底板 12m，运输上山距煤层底板 10m，如图 10-4 所示。

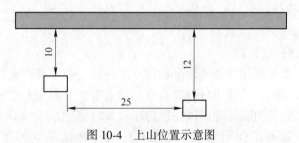

图 10-4　上山位置示意图

（4）联络巷的布置。本采区煤层平均倾角 14°，与 7、9 煤层倾角间距不大，则采区上山与区段平巷均采用石门联系。

（5）采区车场设计。采区上部车场采用顺车场，车辆调动方便，回风巷短，通风能力大。采区中部车场采用甩入石门式车场。采区煤层平均倾角为 14°，为减少下部车场工程量，轨道上山提前下扎一定角度，使起坡角达 25°。

10.2.2.3 绘制采区巷道布置图

（1）设计工作环境。设置图限为 2200×3100，创建"边框、等高线、巷道"等图层。

（2）画采区边界。该采区的左边界、右边界及上边界比较齐整，选择"采区边界"图层为当前图层，直接用 Line 命令绘制。下边界与该处的等高线平行，可用 Spline 命令绘制。值得注意的是，采区左右边界之距应该为 2000。

（3）画等高线。用样条曲线来画等高线。这里介绍其中一条标高为 -700m 的等高线的画法。

输入命令 Spline，回车后屏幕提示：

```
命令：spline
```

指定第一个点或［对象（O）］：100, 2300

指定下一点：700, 2370

指定下一点或［闭合（C）／拟合公差（F）］＜起点切向＞：1100, 2360

指定下一点或［闭合（C）／拟合公差（F）］＜起点切向＞：1500, 2370

指定下一点或［闭合（C）／拟合公差（F）］＜起点切向＞：2100, 2380

指定下一点或［闭合（C）／拟合公差（F）］＜起点切向＞：⏎

指定起点切向：⏎

指定端点切向：⏎

该条等高线绘制完毕。其他等高线的画法与此类似。

为了把标高数值放置在相应的等高线上，可以在连续的等高线上用直线命令画截割直线，再用剪切命令将直线段中间去掉，留下标高标注空间，然后利用"单行文字 text"命令进行标注。

（4）巷道的绘制。现以运输大巷的绘制为例介绍巷道的画法。其他巷道如采区上山、回风平巷、区段平巷等的绘制与此类似。

将"巷道"图层指定为当前图层，并关闭等高线图层。执行 Line 命令，屏幕显示：

命令：line 指定第一点：850, 1780

指定下一点或［放弃（U）］：1350, 1780

指定下一点或［放弃（U）］：回车

用复制命令画出巷道另一侧。

车场及绕道拐弯处可用相对极坐标来确定点的位置。为了准确获得巷道连接处的相对坐标，可以启用捕捉功能，这样也可以提高绘制的效率。巷道交岔点处的处理可以用圆角命令完成。巷道连接处的消隐处理可以用修剪 Trim 命令或用延伸 Extend 命令来完成。

（5）画采空区。在右工作面采空区处用 Line 命令画出采空区界限。执行 Line 命令后，屏幕提示：

指定第一点：1900, 2380

指定下一点或［放弃（U）］@ 84<0

指定下一点或［放弃（U）］：@ 180<90

指定下一点或［闭合（C）／放弃（U）］：@ 180<180

指定下一点或［闭合（C）／；放弃（U）］：c

利用"gravel"图案填充采空区，在图案填充对话框中确定合适的角度和比例（本例中可以选择角度：0°，比例：5）。当填充效果满意时，可以删除前面绘制的矩形采空区边界。

（6）溜煤眼及回风井绘制。可以用 Circle 命令完成。其中溜煤眼需要用"solid"图案填充。

（7）标注。图形的标注用快速引线标注 Qleader 命令完成。注释文字可以用单行文字 Text 命令来实现。

（8）其他部分的绘制。图框、标题栏的绘制同矿井开拓方式图的绘制。采区巷道布置剖面图的绘制相对简单，只需注意尺寸要与采区巷道布置平面图相适应。

最终完成的图形如图 10-5 所示。该图把采区巷道布置平面图和剖面图安排在一张图纸中，相互对照，能更好地体现出各种巷道的空间位置关系。

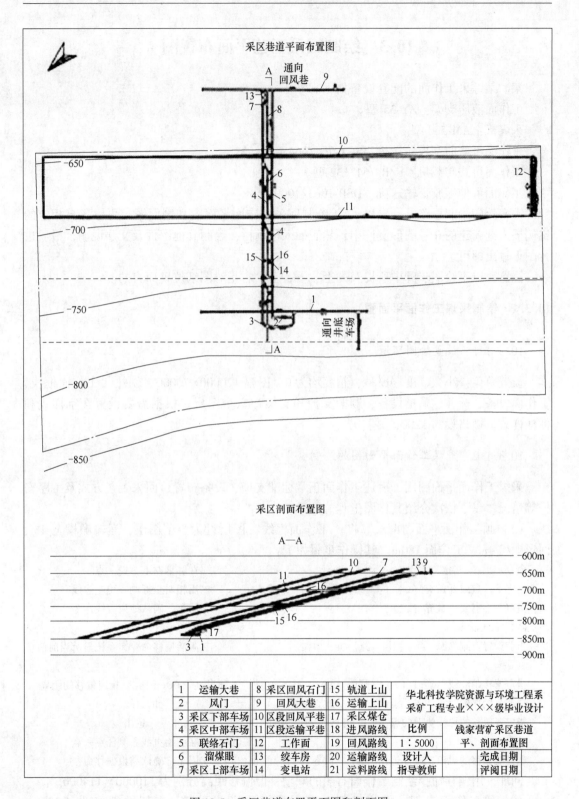

图 10-5 采区巷道布置平面图和剖面图

10.3　绘制回采工艺平面布置图

某矿某综采工作面的配套设备如下。

工作面液压支架：ZY-35 型。

采煤机：AM-500 型。

工作面可弯曲刮板输送机：SGZ-764/264W 型。

工作面桥式转载机：SZB-764/132 型。

工作面可伸缩胶带输送机：DSP-1063/1000 型。

本案例的绘制思路是：先以 1∶1 绘制回采工作面平面图和剖面图，再以各自相应的比例插入到新建的 0 号图形文件中，然后插入标题栏，绘制其他图件及文字说明，最后进行图形输出即可。

注意：以下绘图步骤中所提及的上、下、左、右是对图纸位置而言的。

10.3.1　绘制采煤工作面平面图

10.3.1.1　设置绘图环境

设置单位：小数、度/分/秒，精度均为 0。图幅 120000×70000。创建"工作面框线、工作面设备、标注、顺槽设备、顺槽支护和支架"六个图层。根据需要设置文字样式和标注样式。栅格设为 1200，并打开。

10.3.1.2　采煤工作面平面图的绘制

采煤工作面平面图用于表述工作面正常标准支护、设备布置、回采工艺方式及工序安排等情况。以下依次介绍其作图过程。

（1）画工作面平面图框线。将"工作面框线"图层设为当前图层，运输顺槽宽 4m、回风顺槽 4m、工作面 180m。其操作步骤如下：

命令：line 指定第一点：　　　　　　　　　　　//在屏幕左上方选一点

指定下一点或［放弃（U）］：@ 0，-50000　　　//用相对坐标画顺槽左边线

指定下一点或［放弃（U）］：　　　　　　　　　//回车，确认结束直线命令

命令：offset

当前设置：删除源=否　图层=源　OFFSETGAP　　//激活偏移命令，系统显示当前信息

TYPE=0

指定偏移距离或［通过（T）/删除（E）/图层（L）］<通过>：4000　　//指定偏移的距离

选择要偏移的对象，或［退出（E）/放弃（U）］<退出>：选择已绘的直线

指定要偏移的那一侧上的点，或［退出（E）/多个（M）/放弃（U）］<退出>：

　　　　　　　　　　　　　　　　　　　　　　　//在已绘直线右侧任点一点

选择要偏移的对象，或［退出（E）/放弃（U）］<退出>：//回车，确认结束偏移命令

同理，用偏移命令绘制工作面右侧的顺槽，但偏移距离分别为 110000、114000。

（2）绘工作面支架。将"支架"图层设置为当前图层，支架的规格为"3575×1428"。工作面长度按 150m 计，加上运输顺槽宽 4m，回风顺槽宽 4m，共计长 158m。支

架中心距为 1.5m，故该工作面需支架为 105 架（考虑到工作面长度变化，留 1 架间隙，其中左侧间隙 800mm、右侧间隙 700mm），取工作面端面距为 300mm，其操作步骤如下：

　　命令：rectang　　　　　　　　　　　//激活矩形命令，绘制支架外矩形框线

　　指定第一个角点或［倒角（C）/标高（E）/圆角（F）/厚度（T）/宽度（W）］：from 基点：

　　　　　　　　　　　　　　　　　　　　//选择"捕捉自"捕捉工作面左端点

　　<偏移>：@ —3200，300　　　　　　　//输入支架矩形框的左下角点

　　指定另一个角点或［面积（A）/尺寸（D）/旋转（R）］：@ 1428，3575

　　　　　　　　　　　　　　　　　　　　//输入支架矩形框的右上角点

　　命令：line 指定第一点：　　　　　　//激活直线命令，绘制前梁与后梁分界线

　　from endp 于　　　　　　　　　　　 //选择"捕捉自"捕捉支架左上端点

　　<偏移>：@ 0，-2275　　　　　　　　//输入支架前、后梁分界线左端点

　　指定下一点或［放弃（U）］：1428，0　//输入支架前、后梁分界线右端点

　　指定下一点或［闭合（C）/放弃（U）］：@ -80，-1300

　　　　　　　　　　　　　　　　　　　　//输入支架前梁前端右端点

　　指定下一点或［闭合（C）/放弃（U）］：from 基点：

　　　　　　　　　　　　　　　　　　　　//选择"捕捉自"捕捉分界线左端点

　　<偏移>：@ 80，-1300　　　　　　　　//输入支架前梁前端左端点

　　指定下一点或［闭合（C）/放弃（U）］：//捕捉支架前、后梁分界线左端点

　　指定下一点或［闭合（C）/放弃（U）］：//击右键，确认结束直线命令

　　命令：trim　　　　　　　　　　　　 //激活修剪命令，剪切前梁两侧框线

　　当前设置：投影＝UCS，边＝无选择剪切边…

　　选择对象或<全部选择>：　找到 1 个　//选择支架前梁左边线为剪切边

　　选择对象：找到 1 个，总计 2 个　　 //选择支架前梁右边线为剪切边

　　选择对象：

　　选择要修剪的对象，或按住 Shift 键选择要延伸的对象，或［栏选（F）/窗交（C）/投影（P）/边（E）/删除（R）/放弃（U）］：　//选择要剪切的左侧支架框线

　　选择要修剪的对象，或按住 Shift 键选择要延伸的对象，或［栏选（F）/窗交（C）/投影（P）/边（E）/删除（R）/放弃（U）］：　//选择要剪切的右侧支架框线

　　命令：pline　　　　　　　　　　　　//绘制断开线，因工作面不是实际长

　　指定起点：当前线宽为 0.000

　　指定下一个点或［圆弧（A）/半宽（H）/长度（L）/放弃（U）/宽度（W）］：@ 280，0

　　　　　　　　　　　　　　　　//在工作面线上任选一点垂直下方绘断开标记处选点

　　指定下一点或［圆弧（A）/闭合（C）/半宽（H）/长度（L）/放弃（U）/宽度（W）］：@ -560，1000

　　指定下一点或［圆弧（A）/闭合（C）/半宽（H）/长度（L）/放弃（U）/宽度（W）］：@ 280，0

　　指定下一点或［圆弧（A）/闭合（C）/半宽（H）/长度（L）/放弃（U）/宽度（W）］：

　　　　　　　　　　　　　　　　　　　//在垂直下方工作面线外任选一点

　　然后修剪交叉部分线段，删除其他不用的线段。

　　（3）绘制工作面设备。该工作面主要设备有可弯曲刮板输送机、采煤机、转载机、可伸缩胶带输送机、设备列车等。

　　1）绘制工作面可弯曲刮板输送机。将"工作面设备"图层设为当前图层，关闭"支

架"图层。

工作面刮板机中部槽宽 764mm,刮板间距 920mm,刮板机与煤壁间距按 471mm,机头尺寸大体按 3154mm×1052mm 计,与刮板机间隙按 200mm 计。

2)绘制运输顺槽设备(转载机、胶带、设备列车)。由于转载机的胶带较长,故不能全长绘制,用户可依情况确定其长。转载机宽度按 764mm 计,胶带宽度按 1000mm 计,轨距 900mm,转载机与胶带搭接长按 15m 计,设备列车宽度按 1120mm 计,胶带到煤壁侧间距按 1100mm 计,对设备列车上的设备以框线表示即可。其操作步骤从略。

3)绘制工作面采煤机。因为绘制的是回采工艺图,故对采煤机的外部结构按尺寸绘制,其他示意或不绘制。AM-500(无链)采煤机滚筒中心距为 10073mm,机身宽 820mm,滚筒宽 686mm,直径 1800mm,截深 600mm。其操作步骤略。

4)绘制顺槽端头、超前支护。工作面端头支护采用普通整体液压支架与单体液压支柱配合使用,超前支护采用单体液压支柱,长度为 25m,柱距为 1200mm,排距运输顺槽为 2500mm,回风顺槽为 2100mm,柱帽规格按 600mm×118mm 计。其操作步骤略。

5)绘制采空区及工作面断开线。

绘制结果如图 10-6 所示。

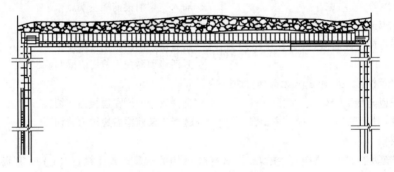

图 10-6 回采工作面平面图

10.3.2 绘制采煤工作面剖面图

10.3.2.1 绘制工作面最大控顶距剖面图

(1)建立图形文件。建立图形文件名为"工作面剖面图",绘图区域设置为 6000mm×5000mm。

(2)设置图层。根据绘制最大控顶距剖面图的需要,设置"采煤机剖面、剖面框线、标注和支架剖面"4 个图层。

(3)最大控顶距剖面图的绘制。该工作面采高为 3.5m,端面距为 300mm,截深为 600mm,工作面支护方式为及时支护。由于支架的小结构一般搜集不到尺寸,故绘图时主要结构和已知的按真实尺寸绘制,未知的按示意图绘制,复杂的结构按框图绘制。

1)绘制剖面图框线。利用直线命令和"solid"填充实现,结果如图 10-7 所示。

2)绘制剖面图支架与刮板输送机。

3)绘制采煤机剖面图。

最终结果如图 10-8(a)所示。

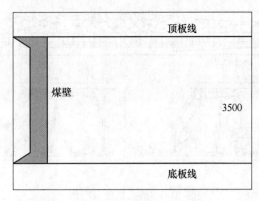

图 10-7 剖面图框线

10.3.2.2 绘制工作面最小控顶距剖面图

(1) 设置绘图环境。设置方法同工作面最大控顶距剖面图，新建"工作面剖面图 2"图形文件。

(2) 绘制工作面最小控顶距剖面图。以块的方式将"工作面剖面图"插入到屏幕左下角，炸开插入的图。然后将与采煤机有关的尺寸删除，将支架与刮板机、尺寸前移 600mm。

同样，旋转护帮板至收回状态，修改其他相关结构及尺寸，结果如图 10-8 (b) 所示。

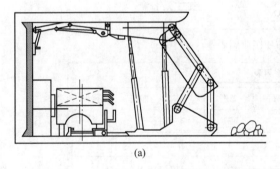
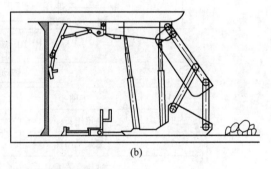

图 10-8 工作面最大、最小控顶距剖面图

(a) 工作面最大控顶距剖面图；(b) 工作面最小控顶距剖面图

10.3.3 绘制回采工艺平面布置图

(1) 设置绘图环境。设置方法同前，建立图形文件名为"回采工艺平面布置图"，绘图区域设置为 1300×1000，设置循环作业表、技术指标表、劳动组织表和其他 4 个图层。

(2) 绘制回采工艺平面布置图。依次插入前面所绘的"工作平面布置图（缩放比例 1∶1）"、"工作面剖面图（缩放比例 1∶25）"、"工作面剖面图 2（缩放比例 1∶25）"及"标题栏"（缩放比例 1∶1）4 个图块。结果如图 10-9 所示。

(3) 绘制工作面循环作业表，如图 10-10 所示。

(4) 绘制劳动组织表，如图 10-11 所示。

(5) 绘制技术经济指标表。

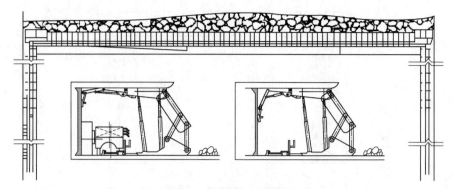

图 10-9 插入块后的图形

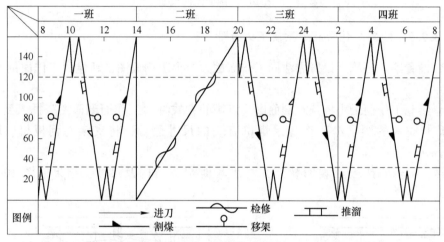

图 10-10 循环作业图表

劳动组织表						
序号	工种	一班	二班	三班	四班	合计
1	班组长	2	2	2	2	8
2	采煤机司机	3	4	3	3	13
3	液压支架工	3	4	3	3	13
4	开溜工	2		2	2	6
5	刮板输送机移架工	1	4	1	1	7
6	电工	1	4	1	1	7
7	泵站工	1	2	1	1	5
8	超前支护维护工	5	5	5	5	20
9	专职注油工	1	1	1	1	4
10	合计	19	16	19	19	83

图 10-11 劳动组织表

（6）最后细节修改及绘制。

标注图及各相关比例，最终绘制结果如图 10-12 所示。

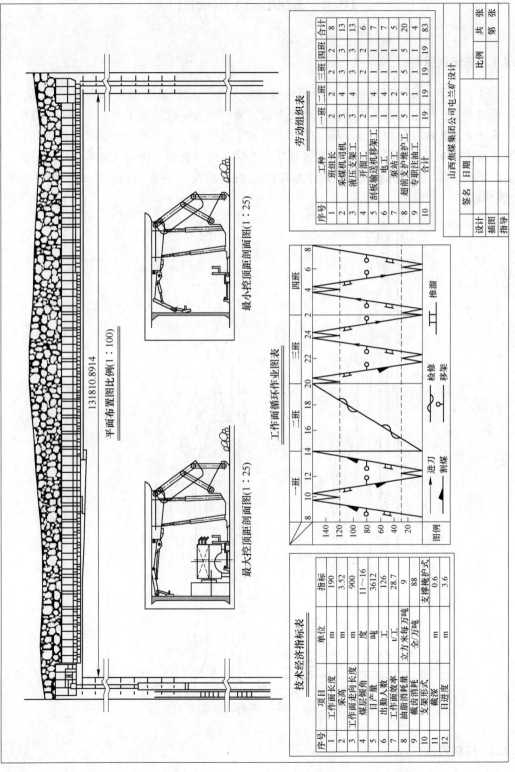

图 10-12 回采工艺平面布置图

10.4　绘制采区车场图

10.4.1　车场例图

采区上（下）山与区段平巷或阶段大巷连接处的一组巷道和硐室称为采区车场。采区车场的主要作用是在采区内运输方式改变或过渡的地方完成转载工作。

采区车场按地点分为上部车场、中部车场和下部车场。由于地质和准备条件不同，车场形式及线路布置也不同，应根据采区地质、开采条件，合理选择采区车场的形式。

以采区中部车场为例，车场类型为双道起坡斜面线路一次回转。其参数标注如图10-13 所示。

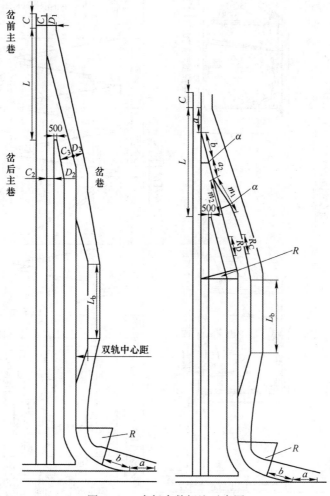

图 10-13　车场参数标注示意图

10.4.2　绘制方法

（1）线型定义及图层设置。设置定义所需线型文件如图 10-14 所示，创建三个图层

"巷道、标注、轨道"。

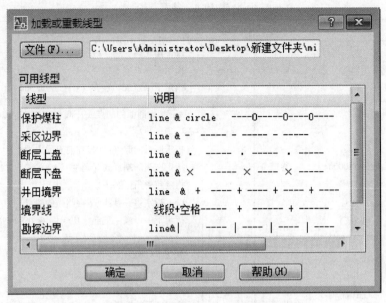

图 10-14　自定义采矿线型加载

（2）画采区车场。

1）岔前主巷见表 10-2。

表 10-2　岔前主巷

功　能	图层	命令	提示或说明
绘制主巷左侧巷道线	巷道	Line	Line 指定第一点：0，374 指定下一点或［放弃（U）］：0，364
绘制轨道线	轨道	Offset	将主巷左侧线向右偏移 10
绘制主巷右侧巷道线	巷道	Offset	将轨道线向右偏移 10

2）岔后主巷见表 10-3。

表 10-3　岔后主巷

功　能	图层	命令	提示或说明
绘制主巷左侧巷道线	巷道	Line	Line 指定第一点：（捕捉岔前主巷末端点） 指定下一点或［放弃（U）］：0，18
绘制轨道线	轨道	Offset	将主巷左侧线向右偏移 10
绘制主巷右侧巷道线	巷道	Line	Line 指定第一点：19，300 指定下一点或［放弃（U）］：19，18

3）岔巷见表 10-4。

表 10-4　岔巷

功　　能	图层	命令	提示或说明
绘制岔巷左侧巷道线	巷道	Line	Line 指定第一点：19，300 指定下一点或［放弃（U）］：@5<0 指定下一点或［放弃（U）］：@56<-26.92
绘制岔巷圆弧段（R4000）	巷道	Arc	Arc 指定圆弧的起点或［圆心（C）］：C 指定圆弧的圆心：13，232 指定圆弧的起点：（捕捉前直线末端点） 指定圆弧的端点或［角度（A）/弦长（L）］：a 指定包含角：26.92
		Line	Line 指定第一点：（捕捉圆弧的端点） 指定下一点或［放弃（U）］：@168<-90
绘制车场下部圆弧段（R6000）	巷道	Arc	Arc 指定圆弧的起点或［圆心（C）］：C 指定圆弧的圆心：113，64 指定圆弧的起点：（捕捉前直线末端点） 指定圆弧的熔点或［角度（A）/弦长（L）］：a 指定包含角：42
		Line	Line 指定第一点：（捕捉圆弧的端点） 指定下一点或［放弃（U）］：@5<-90
绘制左侧轨道线	轨道	Line	Line 指定第一点：10，347 指定下一点或［放弃（U）］，@104<-26.32
绘制轨道圆弧段（R5000）	轨道	Arc	Arc 指定圆弧的起点或［圆心（C）］：C 指定圆弧的圆心：13，232 指定圆弧的起点：（捕捉前直线末端点） 指定圆弧的端点或［角度（A）/弦长（L）］：a 指定包含角：26.92
		Line	Line 指定第一点：（捕捉圆弧的端点） 指定下一点或［放弃（U）］：@168<-90
绘制轨道圆弧段（R5000）	轨道	Arc	Arc 指定圆弧的起点或［圆心（C）］：C 指定圆弧的圆心：13，232 指定圆弧的起点：（捕捉前直线末端点） 指定圆弧的端点或［角度（A）/弦长（L）］：a 指定包含角：63.43
		Line	Line 指定第一点：（捕捉圆弧的端点） 指定下一点或［放弃（U）］：@19.22<-63
绘制右侧轨道线		Line	Line 指定第一点：27，316 指定下一点或［放弃（U）］：@22<-36

功　能	图层	命令	提示或说明
绘制第一段圆弧段（*R*5000）		Arc	Arc 指定圆弧的起点或［圆心（C）］：C 指定圆弧的圆心：14, 263 指定圆弧的起点：（捕捉前直线末端点） 指定圆弧的端点或［角度（A）/弦长（L）］：a 指定包含角：26. 32
		Line	Line 指定第一点：（捕捉圆弧的端点） 指定下一点或［放弃（U）］：@27<-26. 92
绘制第二段圆弧段（*R*6500）		Arc	Arc 指定圆弧的起点或［圆心（C）］：C 指定圆弧的圆心：13, 282 指定圆弧的起点：（捕捉前直线末端点） 指定圆弧的端点或［角度（A）/弦长（L）］：<正交开>（捕捉水平方向上一点） 指定包含角：26. 32
		Line	Line 指定第一点：（捕捉圆弧的端点） 指定下一点或［放弃（U）］：@100<-90
绘制第三段圆弧段（*R*500）		Arc	Arc 指定圆弧的起点或［圆心（C）］：C 指定圆弧的圆心：28, 132 指定圆弧的起点：（捕捉前直线末端点） 指定圆弧的端点或［角度（A）/弦长（L）］：a 指定包含角：27
		Line	Line 指定第一点：（捕捉圆弧的端点） 指定下一点或［放弃（U）］：@19<-63
绘制岔巷右侧巷道线	巷道	Line	Line 指定第一点：（捕捉岔前主巷右侧线末端点） 指定下一点或［放弃（U）］：@60<-50 指定下一点或［放弃（U）］：@56<-63
绘制第一段圆弧段（*R*8000）		Arc	Arc 指定圆弧的起点或［圆心（C）］：C 指定圆弧的圆心：13, 232 指定圆弧的起点：（捕捉前直线末端点） 指定圆弧的端点或［角度（A）/弦长（L）］：a 指定包含角：26. 92
		Line	Line 指定第一点：（捕捉圆弧的端点） 指定下一点或［放弃（U）］：@100<-50 指定下一点或［放弃（U）］：@60<-104 指定下一点或［放弃（U）］：@10<-90
绘制第二段圆弧段（*R*3500）		Arc	Arc 指定圆弧的起点或［圆心（C）］：C 指定圆弧的圆心：113, 64 指定圆弧的起点：（捕捉前直线末端点） 指定圆弧的端点或［角度（A）/弦长（L）］：a 指定包含角：42
		Line	Line 指定第一点：（捕捉圆弧的端点） 指定下一点或［放弃（U）］：@42<-28 指定下一点或［放弃（U）］：<正交开>（捕捉水平方向上一点）

功　能	图层	命令	提示或说明
绘制与车场下部连接上侧巷道线		Line	Line 指定第一点：-9，18 指定下一点或［放弃（U）］：69，18
绘制轨道线		Line	Line 指定第一点：9，10 指定下一点或［放弃（U）］：135，10
绘制与车辆连接下侧巷道线		Line	Line 指定第一点：-9，0 指定下一点或［放弃（U）］：135，0

（3）标注。

最终效果如图 10-15 所示。

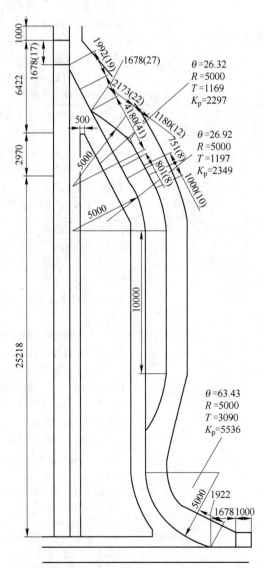

图 10-15　双道起坡斜面线路一次回转中部车场图

11 三维采矿实例绘制与编辑

本章以 U 型钢拱形可缩支架和矿用锚索为例绘制三维模型，使学生通过学习可以熟练运用各项三维操作命令，同时加深对采矿工程专业巷道支护结构的理解。绘制过程中各项数据既参考了相关国家、行业规范，也结合了矿业实际现场测量。

本章需要注意的是三维坐标系和视图的选择，这是因为合理的坐标系和视图是三维操作的基础。实例的各程序步骤中，三维命令的文本内容是在 AutoCAD 文本窗口（按 F2 键可调出）的基础上删减而来的，只留下了关键信息，避免冗杂。

11.1 U 型钢拱形可缩支架

11.1.1 审图

U 型钢拱形可缩支架又称为 U 形棚，为金属支架的一种。U 型钢拱形可缩支架最大的特点是具有一定的可缩量，对围岩既有"抗"的一面，又有"让"的一面。尤其是矿井进入深井开采后，地压大，纯粹的抵抗围岩变形是行不通的，必须使支护结构适应围岩的变形，以允许围岩松动圈的适当扩展为代价，来实现较小的围岩应力。U 型钢拱形可缩支架支护即基于以上原理。

U 型钢拱形可缩支架按每米型钢理论质量可分为 U18、U25、U29 和 U36 几种。U18 由于承载能力很低，现在很少用。实例中，以 U36 为绘制对象，支架节数为 3 节，每 3 排支架被一根拉杆连接在一起，以提高支架稳定性；棚腿"鞋"为焊接在 U36 型钢棚腿底部的钢板，以减少支架对地比压，防止陷入底板；配套的 U36 卡揽为两节U36 型钢的连接和锁紧装置，实例中有 4 个 U36卡揽，左右棚腿各 2 个；限位器的作用为限制支架的可缩量，实例中有 2 个限位器，左右棚腿各 1个，每个限制可缩量为 100mm。如图 11-1 所示。

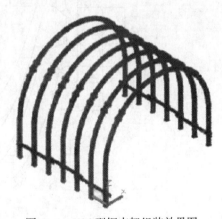

图 11-1 U36 型钢支架组装效果图

U 型钢拱形可缩支架主要分 4 部分来绘制：

(1) U36 型钢及棚腿"鞋"；

(2) U36 卡揽；

(3) 拉杆；

(4) 组装及添加限位器。

U36 型钢支架和卡揽尺寸如图 11-2 和图 11-3 所示。

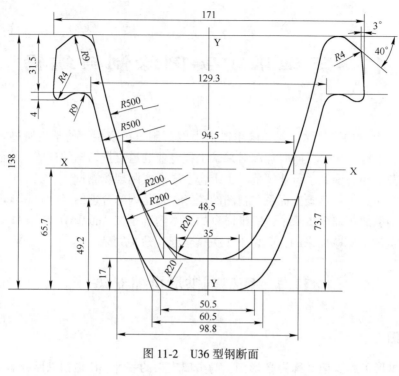

图 11-2　U36 型钢断面

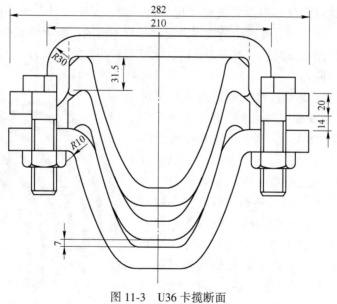

图 11-3　U36 卡揽断面

11.1.2　分项绘制

11.1.2.1　U36 型钢

绘制思路：绘制 U36 型钢断面；绘制出拉伸路径，按路径【拉伸】；绘制棚腿"鞋"。

（1）建立新文件。新建文件命名为"U36 型钢. dwg"，并保存。

（2）使用【俯视】视图。绘制U36型钢断面，尺寸如图11-2所示，进行【面域】处理，便于【拉伸】。

（3）绘制U36型钢拉伸路径，尺寸如图11-4所示。直墙半圆拱巷道断面尺寸如图11-5所示。

1）切换为【前视】视图。

2）左棚腿路径。

①直线段：$(0, 0, 0) \rightarrow (0, 1600, 0)$。亦可开启【正交模式】（按F8键），确定方向后输入距离1600mm。

②圆弧段：使用【圆弧】命令中的"圆心，起点，角度"先画出45°对应的圆弧段。

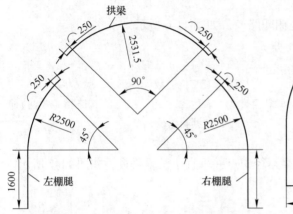
图11-4　三节式U36型钢拉伸路径

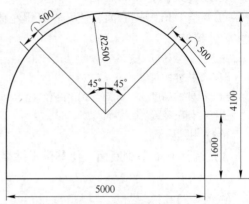
图11-5　直墙半圆拱巷道断面

命令：arc

指定圆弧的起点或［圆心（C）］：c

指定圆弧的圆心：2500, 1600, 0↵　　　　　//输入圆心坐标

指定圆弧的起点：↙　　　　　　　　　　　//单击直线段上端点

指定圆弧的端点或［角度（A）/弦长（L）］：a

指定包含角：-45↵　　　　　　　　　　　//输入圆弧包含角度

3）拱梁路径（考虑到U36型钢搭接，故拱梁圆弧路径的半径比左右棚腿的圆弧半径多出31.5mm；如图11-3所示）。

①圆弧起点。

命令：line

指定第一个点：↙　　　　　　　　　　　//单击棚腿圆弧圆心

指定下一点或［放弃（U）］：@ 2531.5<45↵　　两节U36型钢搭接，拱梁圆弧的半径为2500mm+31.5mm=2531.5mm

②圆弧。

命令：arc

指定圆弧的第二个点或［圆心（C）/端点（E）］：c

指定圆弧的圆心：↙　　　　　　　　　　//单击圆弧圆心

指定圆弧的起点或［圆心（C）］: ✓　　　　　　//单击圆弧起点
指定圆弧的端点或［角度（A）/弦长（L）］: a
指定包含角: -90↵　　　　　　　　　　　//输入拱梁对应弧度

4）U36 型钢搭接处。以上绘制的左棚腿和拱梁路径"缺"搭接，搭接长度为 500mm。

命令: len
选择对象或［增量（DE）/百分数（P）/全部（T）/动态（DY）］: de↵
输入长度增量或［角度（A）］: 250↵　　　　　//增量为 250mm
选择要修改的对象或［放弃（U）］: ✓　　　　//选定需要搭接的圆弧段

5）【合并】左棚腿直线段和圆弧段，便于 U36 型钢断面【拉伸】。

完成以上步骤得到 U36 型钢拉伸路径（无右棚腿拉伸路径，因为只要绘制出左棚腿即可通过【镜像】得右棚腿）。

①调整 U36 型钢断面，使其垂直于左棚腿路径，如图 11-6 所示。

②【拉伸】。

命令: extrude
选择要拉伸的对象: ✓　　　　　　　　　　//选定 U 型钢面域
指定拉伸的高度或［方向（D）/路径（P）/倾斜角（T）/表达式（E）］: p↵　按路径（P）拉伸
选择拉伸路径或［倾斜角（T）］: ✓　　　　//单击左棚腿路径

（4）拱梁。

1）调整 U36 型钢断面，使其位于拱梁路径中点并垂直于拱梁路径，如图 11-7 所示。

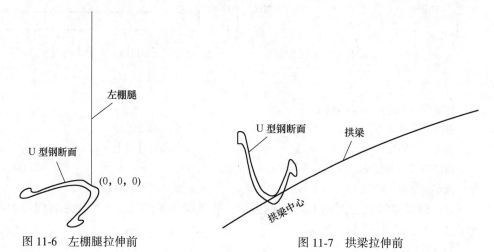

图 11-6　左棚腿拉伸前　　　　　　　　　图 11-7　拱梁拉伸前

2）【拉伸】。

命令: extrude
选择要拉伸的对象: ✓　　　　　　　　　　//选定 U 型钢面域
指定拉伸的高度或［方向（D）/路径（P）/倾斜角（T）/表达式（E）］: p↵
//按路径（P）拉伸
选择拉伸路径或［倾斜角（T）］: ✓　　　　//单击拱梁路径

（5）【镜像】得右棚腿。

（6）绘制 U36 型钢棚腿"鞋"。

1）根据 U36 型钢断面轮廓绘制出棚腿"鞋"断面，进行【面域】处理，准备【拉伸】，如图 11-8 (a) 所示。

2）【拉伸】。

命令：extrude

选择要拉伸的对象：✔　　　　　　　　　　　　　//选定"鞋"面域

指定拉伸的高度或［方向（D）/路径（P）/倾斜角（T）/表达式（E）］：20↵

//"鞋"厚为 20mm

如图 11-8 (b) 所示。

3）【移动】棚腿底部，【镜像】得到另一侧棚腿"鞋"，如图 11-8 (c) 所示。

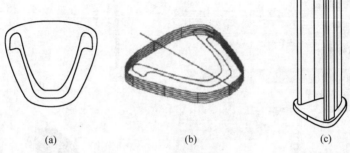

(a)　　　　　　　　　　(b)　　　　　　　　　　(c)

图 11-8　U36 型钢棚腿"鞋"

（7）设置【视觉样式】。为了更好地观察效果，打开【视觉样式管理器】，切换为【真实】视觉样式，设置【光源】中【光显强度】值为 80，其余设置沿用默认值，如图 11-9 所示。

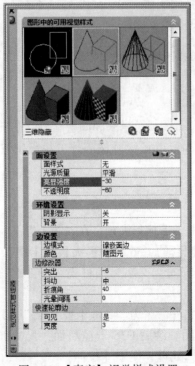

图 11-9　【真实】视觉样式设置

（8）【渲染】。选择【菜单栏】→【渲染】→【材质浏览器】，将相应的材质用鼠标左键拖动到需要渲染的部件上。实例中考虑到井下潮湿空气对型钢的锈蚀，选择【铁锈】，类型：常规，类别：金属，如图 11-10 所示。当然还可以选择其他材质，也可以打开相应的【材质编辑器】修改各个参数。限于篇幅，此处不再赘述。【渲染】完成后，如图 11-11 所示。

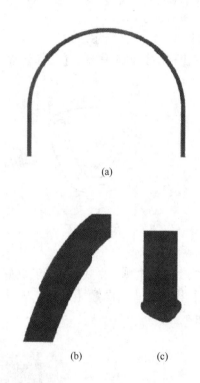

(a)

(b)　　　　　　(c)

图 11-10　【材质浏览器】对话框　　　　　图 11-11　【渲染】效果图

（a）U36 型钢；（b）搭接处；（c）棚腿“鞋”

（9）【并集】处理，将左右棚腿、拱梁和棚腿“鞋”【并集】成一个整体。

（10）保存文件“U36 型钢 . dwg”。在绘图各个步骤中也要注意随时保存，养成绘图好习惯。

11. 1. 2. 2　U36 卡揽

绘制思路：绘制卡揽的上、下槽形夹板；在夹板上穿孔；绘制螺栓；组装。

实例中采用与 U36 型钢配套的 U36 双槽形夹板式卡揽，它由两块槽形夹板和一对螺栓组成，具有强度高、刚性较大、支架可缩性能好、工作阻力稳定、型钢滑移平稳等优点。

（1）建立新文件。新建文件命名为“U36 卡揽 . dwg”，并保存。

（2）切换为【前视】视图。绘制 U36 卡揽断面，尺寸如图 11-12 所示，使其与 U36 型钢平滑接触，进行【面域】处理，便于【拉伸】。

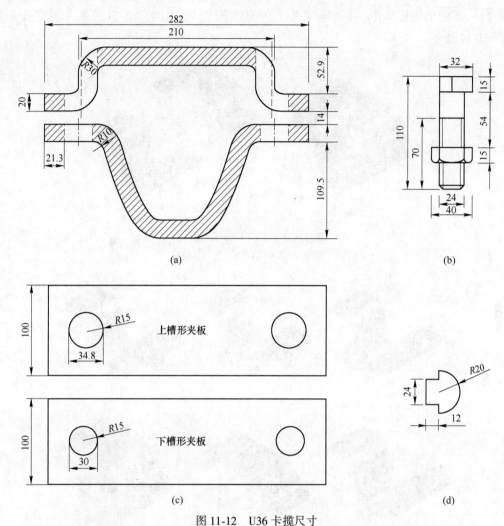

图 11-12 U36 卡揽尺寸

(a) U36 卡揽断面；(b) 螺栓前视图；(c) 上、下槽形夹板俯视图；(d) 螺栓俯视图

（3）切换为【西南等轴测】视图，经【拉伸】得上、下槽形夹板。

命令：extrude

选择要拉伸的对象：✓   //单击上槽形夹板面域

指定拉伸的高度或 [方向(D)/路径(P)/倾斜角(T)/表达式(E)]：100↵

//卡揽宽度为 100mm

采用同样的方法【拉伸】下槽形夹板，宽度也为 100mm，如图 11-13（a）所示。为了方便观察，采用【真实】视觉样式，修改【光显强度】值为 50，其余采用默认。为了方便在上下夹板上穿孔，可以先将上夹板向后【三维移动】200mm，如图 11-13（b）所示。

命令：3dnlove

选择对象：✓   //单击上槽形夹板

指定基点或 [位移(D)] <位移>：d↵

指定位移：@ 0, 0, 200↵   //向后移动 200mm

（4）下槽形夹板穿孔。下槽形夹板上的螺栓孔尺寸如图 11-12（c）所示。穿孔步骤如图 11-14 所示。

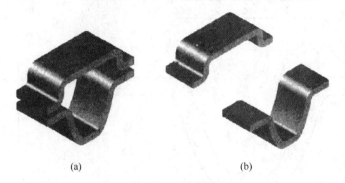

图 11-13　上、下槽形夹板

（a）【拉伸】后效果图；（b）【三维移动】后

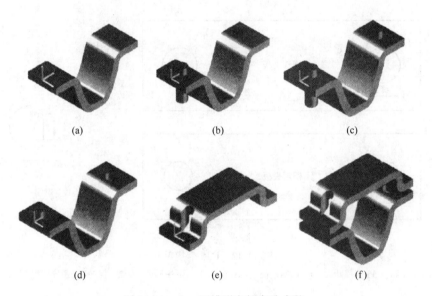

图 11-14　上、下槽形夹板穿孔步骤

（a）坐标系调整后；（b）左侧小圆柱；（c）【三维镜像】后；（d）下槽形夹板穿孔；

（e）上槽形夹板穿孔；（f）上、下槽形夹板对齐

1）调整坐标系，如图 11-14（a）所示。

2）绘制小圆柱。

①绘制左侧小圆柱。

命令：cylinder

　　指定底面的中心点：0，36，3，20↙　　　　　//21.3mm+15mm=36.3mm，其中 21.3mm 为孔边距夹板边缘距离；15mm 为孔半径

　　指定底面半径或［直径（D）］：15↙　　　　//孔半径为 15mm

　　指定高度或两点（2P）/轴端点（A）］：100↙　//圆柱高度尺寸是为了方便观察及差集运算

　　如图 11-14（b）所示。

②【三维镜像】得右侧小圆柱。

命令：mirror3d

选择对象：✓　　　　　　　　　　　　　　　　//单击左侧圆柱

指定镜像平面（三点）的第一个点或［对象（O）/最近的（L）/Z轴（Z）/视图（V）/XY平面（XY）/YZ平面（YZ）/ZX平面（ZX）/三点（3）］＜三点＞：zx↵

//镜像面平行于ZX面

　　指定ZX平面上的点：0，141，0↵　　　　　　//镜像面上的一点，141mm为夹板长度（282mm）的一半

　　是否删除源对象？［是（Y）/否（N）］＜否＞：↵

　　如图11-14（c）所示。

　　③【差集】除去小圆柱，如图11-14（d）所示。

　　（5）上槽形夹板穿孔。绘制步骤相似于下槽形夹板穿孔，此处不再赘述。上槽形夹板上的螺栓孔尺寸如图11-12（c）所示，注意并非圆孔。穿孔后如图11-14（e）所示。

　　（6）将上、下槽形夹板对齐。在前面第（3）步中，为了便于穿孔和观察，曾将上槽形夹板向后移动了200mm。现在穿孔完成后，【三维移动】恢复上、下夹板对齐状态，如图11-14（f）所示。

　　（7）绘制螺栓。绘制思路：绘制螺帽；绘制螺杆；绘制螺杆外螺纹，外螺纹是由【差集】除去附着在螺杆上的螺旋体而成的；绘制M24螺母，内螺纹是在孔壁上附着螺旋体而成的。

　　保持坐标系方向不变，XY面平行于槽形夹板平面，如图11-14（a）所示。视图为【西南等轴测】。螺栓绘制步骤如图11-15所示。

　　1）螺帽。绘制螺帽断面，尺寸如图11-12（d）所示。进行【面域】处理，准备【拉伸】；在螺帽中心作辅助"十"字，便于【三维移动】定位。如图11-15（a）所示。

命令：extrude

选择要拉伸的对象：✓　　　　　　　　　　　　//单击螺帽面域

　　指定拉伸的高度或［方向（D）/路径（P）/倾斜角（T）/表达式（E）］：15↵

//螺帽高15mm

　　调整坐标系，将坐标系原点移动到螺帽"十"字中心，如图11-15（b）所示。

　　2）螺杆。

命令：cylinder

　　指定底面的中心点：0，0，-15↵　　　　　　//位于螺帽正下方

　　指定底面半径或［直径（D）］：12↵　　　　　//螺杆半径12mm

　　指定高度或［两点（2P）/轴端点（A）］：95↵//螺杆长95mm

　　如图11-15（c）所示。

　　3）螺杆外螺纹。

　　①【螺旋线】。

命令：＜正交开＞　　　　　　　　　　　　　　//谨记：开启正交模式，便于扫掠对象垂直于螺旋线

命令：helix

　　指定底面的中心点：0，0，-115↵　　　　　//螺旋线起始处在螺杆下方5mm，便于生成平滑的螺纹

　　指定底面半径或［直径（D）］：12↵　　　　//等于螺杆半径

　　指定顶面半径或［直径（D）］：12↵　　　　　　　//等于螺杆半径

　　指定螺旋高度或［轴端点（A）/圈数（T）/圈高（H）/扭曲（W）］：h↵　　　//圈高即螺距

　　指定圈间距：3↵　　　　　　　　　　//螺距为3mm

　　指定螺旋高度或［轴端点（A）/圈数（T）/圈高（H）/扭曲（W）］：80↵

　　螺纹段高度为70mm，绘制螺旋线高度上下各多出5mm，是为了使最终生成的螺纹平滑，如图11-15（d）所示。

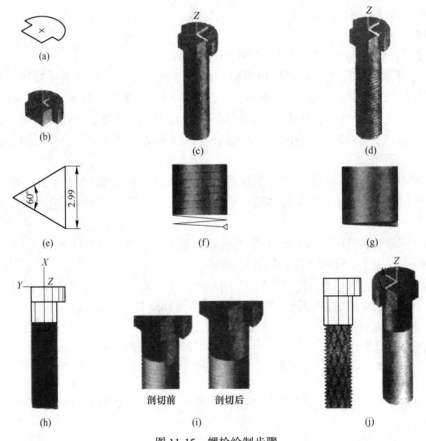

图11-15　螺栓绘制步骤

　　②切换为【前视】视图，绘制正三角形，边长为2.99mm，小于螺旋线圈高3mm，如图11-15（e）所示（扫掠生成的螺旋体不能相交或相切，若边长为3mm，会使得扫掠后螺旋体上、下相切，此时AutoCAD会提示："无法扫掠1个选定的对象"。所以正三角形边长要略小于圈高）。

　　③【扫掠】。扫掠前将正三角形作【面域】处理，通过【移动】，如图11-15（f）所示。

　　命令：sweep

　　选择要扫掠的对象：✓　　　　　　　　　　//单击正三角形面域

　　选择扫掠路径或［对齐（A）/基点（B）/比例（S）/扭曲（T）］：✓　　　//单击螺旋线

　　如图11-15（g）所示。

　　④【剖切】螺旋体。螺杆外螺纹段高度为70mm，为了使生成的螺纹更平滑，螺旋线

高度设为 80mm，附着在螺杆上的高度为 75mm，这里需【剖切】多出的 5mm 高螺旋体。【剖切】前将坐标轴原点调整到螺帽所在平面上（因为上一步中切换为【前视】视图时，默认使用了【世界】坐标系），如图 11-15（h）所示。

命令：slice
选择要剖切的对象：✓　　　　　　　　　　//单击螺旋体
指定切面的起点或 [平面对象（O）/曲面（S）/Z 轴（Z）/视图（V）/XY（XY）/YZ（YZ）/ZX
（ZX）/三点（3）] <三点>：yz↵　　　　　//剖切面平行于 YZ 面
指定 YZ 平面上的点：-40,0,0↵　　　　//螺纹段上端距螺帽上表面 40mm
在所需的侧面上指定点：✓　　　　　　　//在所需侧单击任一点

剖切前后对比如图 11-15（i）所示。

⑤【差集】除去螺杆外附着的螺旋体，生成平滑的螺纹，如图 11-15（j）所示。

（8）绘制螺栓配套的 M24 螺母。为了便于组装，坐标系方向不变，如图 11-15（j）所示。视图为【西南等轴测】。M24 螺母绘制步骤如图 11-16 所示。

1）绘制螺母断面，进行【面域】处理，并在六边形中心作辅助"十"字，便于【三维移动】定位，如图 11-16（a）所示。

2）【拉伸】。

命令：extrude
选择要拉伸的对象：✓　　　　　　　　　　//单击六边形面域
指定拉伸的高度或 [方向（D）/路径（P）/倾斜角（T）/表达式（E）]：15.↵
//螺母高 15mm

调整坐标系，使得坐标原点位于"十"字中心，将此坐标系保存为【螺母坐标系】，方便【剖切】多出的螺旋体，如图 11-16（b）所示。

3）绘制小圆柱。

命令：cylinder
指定底面的中心点：✓　　　　　　　　　　//单击"十"字中心
指定底面半径或 [直径（D）]：12↵　　　//螺母内螺纹半径
指定高度或 [两点（2P）/轴端点（A）]：15↵　//等于螺母高度

如图 11-16（c）所示。

4）【差集】除去小圆柱。如图 11-16（d）所示。

5）螺母内螺纹。

①【螺旋线】。

命令：<正交开>
命令：helix
指定底面的中心点：0,0,-20↵　　　　　　//螺旋线起始处位于螺母下方 5mm
指定底面半径或 [直径（D）]：12↵　　　　//等于圆孔半径
指定顶面半径或 [直径（D）]：12↵　　　　//等于圆孔半径
指定螺旋高度或 [轴端点（A）/圈数（T）/圈高（H）/扭曲（W）]：h↵　　//圈高即螺距
指定圈间距：3↵　　　　　　　　　　　　//与螺杆外螺纹配套
指定螺旋高度或 [轴端点（A）/圈数（T）/圈高（H）/扭曲（W）]：25↵

螺纹段高度为 15mm，绘制螺旋线高度上、下各多出 5mm，是为了最终生成的螺纹平滑，如图 11-16（e）所示。

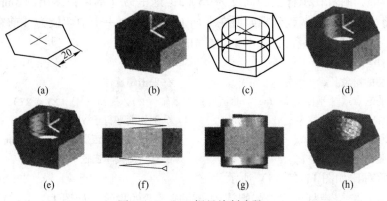

图 11-16　M24 螺母绘制步骤

②切换为【前视】视图。绘制正三角形牙形，与螺杆外螺纹牙形相同，如图 11-16 (e) 所示。

③【扫掠】：扫掠前将正三角形作【面域】处理，通过【移动】，如图 11-16 (f) 所示。

命令：sweep

选择要扫掠的对象：✓　　　　　　　　　　　　//单击正三角形面域

选择扫掠路径或 [对齐 (A)/基点 (B)/比例 (S)/扭曲 (T)]：✓　　单击螺旋线

如图 11-16 (g) 所示。

④将坐标系切换为【螺母坐标系】。

⑤【剖切】螺旋体：【剖切】除去螺母上表面多出的螺旋体。

命令：slice

选择要剖切的对象：✓　　　　　　　　　　　　//单击螺旋体

指定切面的起点或 [平面对象 (O)/曲面 (S)/Z 轴 (Z)/视图 (V)/　　XY (XY)/YZ (YZ)/ZX (ZX)/三点 (3)] <三点>：xy↙　　　　　　//剖切面平行于 XY 面

指定 XY 平面上的点：0，0，0↙　　螺母上表面

在所需的侧面上指定点：✓　　　在所需要侧单击任一点

【剖切】除去螺母下表面多出的螺旋体与上述操作步骤类似。剖切面仍平行于 XY 面，(0，0，-15) 为剖切面上一点。为了便于观察内螺纹，设置【真实】视觉样式中【边设置】的【显示】为【素线】，其余设置沿用默认，如图 11-16 (h) 所示。

(9) 组装螺母和螺栓。步骤如图 11-17 所示。

1) 作辅助线。起点为螺母"十"字中心，高度为 14mm+20mm×2+15mm＝69mm，其中，14mm 为上、下槽形夹板之间的距离；20mm 为上、下槽形夹板厚度；15mm 为螺帽厚度。如图 11-17 (a) 所示。

2)【三维移动】。

命令：3dmove

选择对象：✓　　　　　　　　　　　　　　　//选定螺母

指定基点或 [位移 (D)] <位移>：✓　　　　　//单击辅助线上端点

指定第二个点或<使用第一个点作为位移>：✓　　//单击螺帽上"十"字中心

如图 11-17 (b) 所示。

（10）【并集】。将螺母、螺杆和螺帽【并集】
为一个整体，便于【三维移动】。

（11）组装螺栓与槽形夹板。

1）调整坐标系，如图11-18（a）所示。

2）调整螺栓和槽形夹板的相对位置。由于之前
绘制的螺栓是配合槽形夹板右侧孔的，所以这里需
进行【三维镜像】处理，如图11-18（b）所示。

3）【三维移动】。

命令：3dmove

选择对象：↙

指定基点或［位移（D）］<位移>：↙

指定第二个点：0，36.3，15↵

单击螺帽上"十"字中心，此点位于下槽形夹
板圆孔中心线上，距离上槽形夹板上表面15mm，正
好等于螺帽厚度。

左侧螺栓已组装好，如图11-18（c）所示。

4）【三维镜像】得到右侧螺栓。如图11-18（d）所示。

(a)　　　　(b)

图11-17　M24螺母和螺栓组装步骤

（12）【渲染】。选择【菜单栏】→【渲染】→【材质浏览器】，将相应的材质用鼠标
左键拖动到需要渲染的部件上。上、下槽形夹板采用【板】，类型：常规，类别：钢；螺
栓采用【镀锌】，类型：常规，类别：钢。【渲染】效果如图11-19所示。当然也可尝试
其他材质，熟练操作。

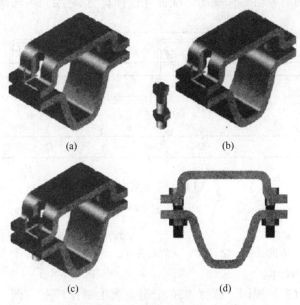

(a)　　　　　　　　　(b)

(c)　　　　　　　　　(d)

图11-18　螺栓和槽形夹板组装步骤

（13）【并集】处理。将上、下槽形夹板与螺栓【并集】成一个整体，便于以后与
U36型钢组装。

(a)   (b)

图 11-19 U36 卡揽【渲染】效果图

(a)【材质浏览器】；(b)【渲染】效果

（14）保存文件"U36 卡揽.dwg"。在各个操作步骤中也要随时注意保存，养成作图好习惯。

11.1.2.3 拉杆

绘制思路：绘制拉杆断面，【拉伸】处理；根据 U36 型钢轮廓绘制"凹"状体，【差集】处理；绘制 U 形螺杆；绘制配套螺母 M16；组装。

拉杆是 U 形钢支架的辅助构件，主要作用将若干 U 形钢支架连接成一个整体，增强其稳定性。

（1）建立新文件。新建文件命名为"拉杆.dwg"，并保存。

（2）使用【左视】视图。绘制拉杆断面，尺寸如图 11-20 所示，并进行【面域】处理，便于【拉伸】。

（3）切换为【西南等轴测】视图，准备【拉伸】。拉杆绘制步骤如图 11-21 所示。

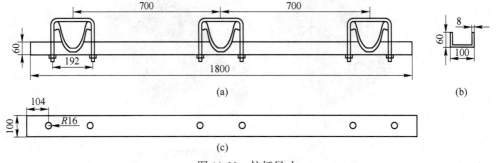

(a)   (b)

(c)

图 11-20 拉杆尺寸

命令：extrude

选择要拉伸的对象：✔   //选定拉杆断面面域

指定拉伸的高度或 [方向 (D)/路径 (P)/倾斜角 (T)/表达式 (E)]：1800↵ 一根拉杆长度

如图 11-21 (a) 所示。

（4）切换为【前视】视图，根据 U36 型钢轮廓绘制拉杆上"凹"状断面，如图 11-21 (b) 所示。进行【面域】处理，准备【拉伸】。

命令：extrude

选择要拉伸的对象：✔   //选定"凹"状面域

指定拉伸的高度或 [方向 (D)/路径 (P)/倾斜角 (T)/表达式 (E)]：150↵ 长度大于拉杆宽度

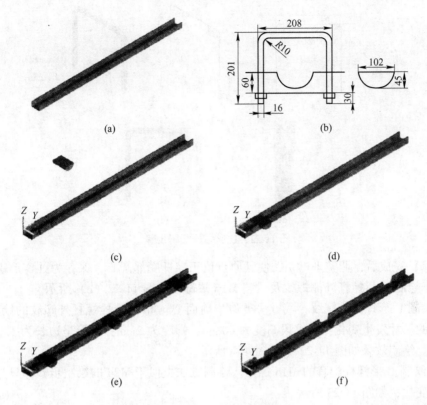

图 11-21 拉杆绘制步骤

【拉伸】完成后，调整坐标系，如图 11-21（c）所示。

（5）【三维移动】。

命令：3dmove

选择对象：✓　　　　　　　　　　　　　　　//选定"凹"状体

指定基点或［位移（D）］<位移>：↵　　　//单击"凹"状体左边中心，此边平行于 Y 轴

指定第二个点或<使用第一个点作为位移>：0，200，0↵ //"凹"状体中心距拉杆一端 200mm

　　如图 11-21（d）所示。

（6）【三维阵列】"凹"状体，沿拉杆方向排列，间距为 700mm，如图 11-21（e）所示。

（7）【差集】除去"凹"状体，如图 11-21（f）所示。

（8）U 形螺杆绘制。步骤如图 11-22 所示。

1）绘制 U 形螺杆【扫掠】路径。并将其【合并】成一条线段，如图 11-22（a）所示。

2）【扫掠】断面为一个半径为 8mm 的圆，进行【面域】处理，如图 11-22（b）所示。

3）【扫掠】。

命令：sweep

选择要扫掠的对象：✓　　　　　　　　　　//单击圆面域

选择扫掠路径或［对齐（A）/基点（B）/比例（S）/扭曲（T）］：✓　　//单击 U 形路径

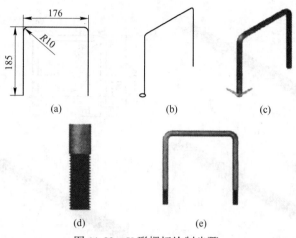

图 11-22　U 形螺杆绘制步骤

【扫掠】完成后，调整坐标系，使其原点位于螺杆底部圆心，保存为【U 形螺杆坐标系】，便于绘制 U 形螺杆外侧螺纹及组装 M16 螺母，如图 11-22（c）所示。

4）绘制 U 形螺杆外螺纹，其方法类似于前面 U36 卡揽螺栓螺杆外螺纹的绘制步骤，只是相应的尺寸发生变化：螺纹段高度为 40mm；螺距为 2mm；牙形呈边长为 1.99mm 的正三角形。绘制效果如图 11-22（d）、（e）所示。

（9）绘制 U 形螺杆配套的 M16 螺母。绘制方法类似于 M24 的绘制步骤，只是相应的尺寸发生变化，如图 11-23 所示。

（10）组装 U 形螺杆配套螺母。在 M16 螺母上表面中心做一个辅助"十"字或"圆"，将坐标系切换为【U 形螺杆坐标系】。

命令：3dmove

选择对象：↙　　　　　　　　　　　　　　　单击"十"字中心

指定第二个点或<使用第一个点作为位移>：0，0，30↙　　//U 形螺杆在拉杆一侧为 13mm+17mm =30mm，其中，13mm 为螺母厚度，17mm 为螺纹露出长度

左侧螺母组装后，通过【三维镜像】组装右侧螺母，如图 11-24 所示。组装完成后，将 U 形螺杆与螺母【并集】处理，为下面步骤作准备。

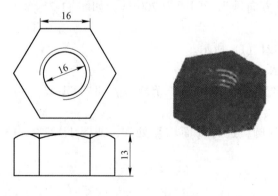

图 11-23　绘制 M16 螺母

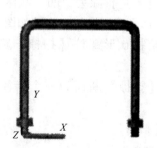

图 11-24　组装 U 形螺杆和 M16 螺母

（11）组装 U 形螺杆和拉杆。其步骤如图 11-25 所示。

1）保持【U 形螺杆坐标系】，如图 11-25（a）所示。作辅助圆或"十"字，便于【三维移动】时定位。

命令：circle

指定圆的圆心或［三点（3P）/两点（2P）/切点、切点、半径（T）］：0，96，0↵
//圆心位于螺杆中心线上

指定圆的半径或［直径（D）］：50↵   //辅助圆大小适宜即可

如图 11-25（b）所示。

2）调整坐标系，如图 11-25（c）所示。

3）【三维移动】。

命令：3dmove

选择对象：✓   //单击 U 形螺杆

指定基点或［位移（D）］＜位移＞：✓   //单击辅助圆圆心

指定第二个点或＜使用第一个点作为位移＞：0，200，−38↵   //30mm+8mm＝38mm，其中，U 形
螺杆在拉杆一侧为 30mm，拉杆钢板厚度为 8mm

如图 11-25（d）所示。

4）【三维阵列】，其操作步骤类似于拉杆"凹"状体的【三维阵列】，沿拉杆方向排列，间距为 700mm。如图 11-25（e）所示。

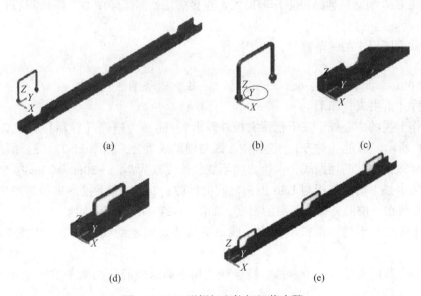

(a)   (b)   (c)

(d)   (e)

图 11-25 U 形螺杆和拉杆组装步骤

（12）【渲染】。选择【菜单栏】→【渲染】→【材质浏览器】，将相应的材质用鼠标左键拖动到需要渲染的部件上。拉杆采用【板】，类型：常规，类别：钢；U 形螺杆采用【镀锌】，类型：常规，类别：钢。【渲染】效果如图 11-26 所示。当然亦可尝试其他材质，熟练操作。

（13）将 U 形螺杆与拉杆【并集】处理，便于其与 U36 型钢组装。

（14）保存文件"拉杆.dwg"。在各个操作步骤中也要随时注意保存，养成作图好习惯。

图 11-26　拉杆【渲染】效果

11.1.2.4　U36 型钢支架组装

绘制思路：U36 型钢支架由三部分组成，分别是 U36 型钢、U36 卡揽和拉杆，组装卡揽时补充限位器。组装操作的关键在于坐标系、视图的选择和各部件的定位。具体地，先将 U36 卡揽和拉杆组装在 U36 型钢拉伸路径上，然后【移动】到绘制好的 U36 型钢上。这是因为，若直接组装在绘制好的 U36 型钢上，其线段太繁杂，不易于操作。组装尽量在【二维线框】视觉样式下进行，减少 AutoCAD 占用内存，防止其突然关闭。

（1）建立新文件。新建文件命名为"U36 型钢支架组装效果图.dwg"，设置为【前视】视图，并保存。

（2）打开"U36 卡揽.dwg"，设置为【左视】视图。打开"U36 型钢.dwg"，设置为【前视】视图。将绘制好的 U36 卡揽、U36 型钢及 U36 型钢拉伸路径复制到新文件中。这里设置不同的视图是为了方便支架组装。

（3）在 U36 型钢拉伸路径上作辅助线，连接搭接处圆弧段中心与圆弧圆心，如图 11-27 （a）所示。

（4）减少图形中的线条数目，便于操作。

命令：isolines

输入 ISOLINES 的新值<8>：0↙　　　　　　　//减少线条数目便于操作

完成后【重生成】图形。

（5）作卡揽的中心线，在下槽形夹板外露出 23mm（为精确【移动】作准备），如图 11-27 （b）所示。通过【对齐】，使其中心线与辅助线重合，如图 11-27 （c）所示。

（6）修改搭接处的辅助线，保持方向不变，长度减为 7mm+20mm+23mm＝50mm，其中，7mm 为卡揽下槽形夹板与 U36 型钢之间的间隙；20mm 为下槽形夹板的厚度；23mm 为卡揽中心线在下槽形夹板外露出的长度。如图 11-27 （d）所示。

（7）【移动】卡揽，使得卡揽中心线最下端移动到辅助线最下端，如图 11-27 （e）所示。

（8）【镜像】获得另一个卡揽，镜像线为始于圆弧圆心且与水平方向呈 45°的半径，如图 11-27 （f）所示。

（9）已组装好左棚腿卡揽，【镜像】得到右棚腿卡揽，如图 11-27 （g）所示。

（10）绘制限位器。限位器实质上也是一段长 100mm 的 U36 型钢，焊接在棚腿上，限制支架的可缩量。

1）绘制【拉伸】路径，如图 11-28 （a）所示。

2）【移动】U36 型钢断面，使其垂直于【拉伸】路径，进行【面域】处理，如图 11-28 （b）所示。

3）【拉伸】得到左侧限位器。

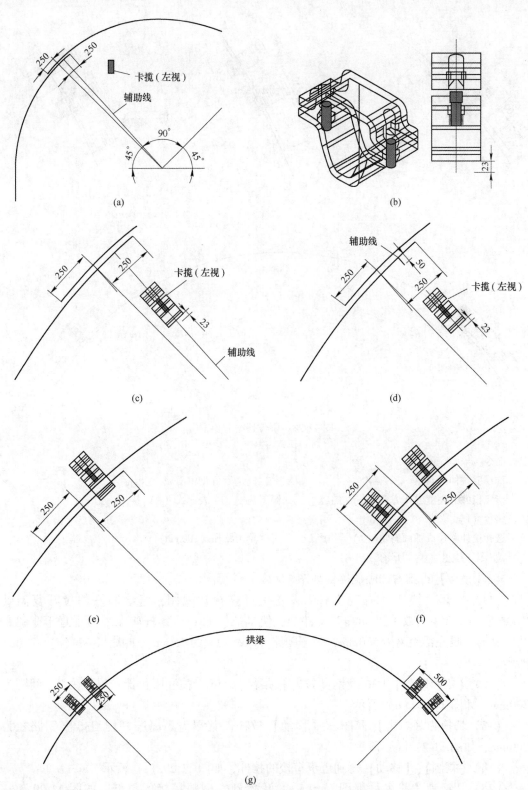

图 11-27 U36 卡揽和 U36 型钢组装步骤

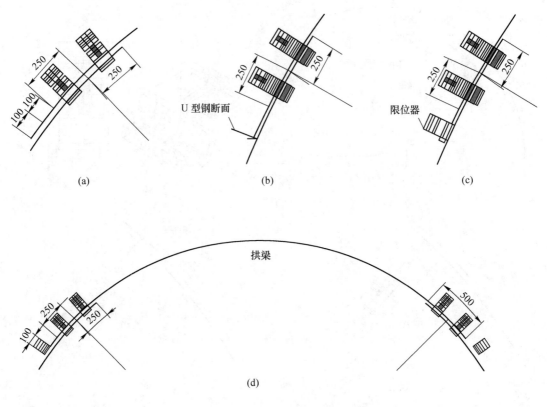

图 11-28　限位器绘制步骤

命令：extrude
选择要拉伸的对象：✓　　　　　　　　　　　//选定 U36 型钢面域
指定拉伸的高度或［方向（D）/路径（P）/倾斜角（T）/表达式（E）］：p，↵
//按路径（P）拉伸
选择拉伸路径或［倾斜角（T）］：✓　　　　//单击路径（100mm）
如图 11-28（c）所示。
4）【镜像】得到右侧限位器，如图 11-28（d）所示。

（11）打开"拉杆.dwg"文件，设置为【左视】视图，将绘制好的拉杆复制到"U36 型钢支架组装效果图.dwg"文件中，使得拉杆的 U 形螺杆所在平面垂直于棚腿路径，其与棚腿底部距离为 500mm，与棚腿路径水平距离为 15mm。如图 11-29（a）～（c）所示。

（12）【矩形阵列】U36 型钢【拉伸】路径、U36 卡揽和限位器，层数为 7，间距为700mm，如图 11-29（d）所示。

（13）切换为【右视】视图，【移动】拉杆使其端头距离第一排 U36 型钢路径为200mm，如图 11-29（e）所示。

（14）【复制】、【移动】得到迈步搭接的拉杆，如图 11-29（f）所示。

（15）切换为【前视】视图，【镜像】得到左棚腿搭接的拉杆，如图 11-29（g）所示。

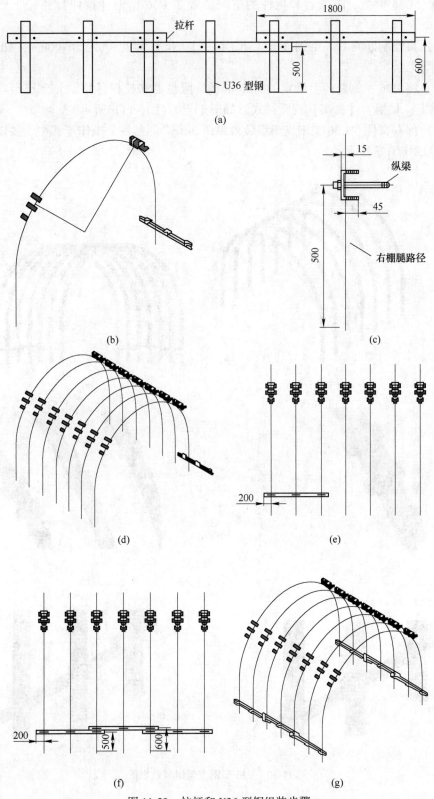

图 11-29　拉杆和 U36 型钢组装步骤

　　至此，U36 卡揽、限位器和拉杆的空间位置在 U36 型钢【拉伸】路径上已经全部确定。

　　（16）将绘制好的 U36 型钢进行【矩形阵列】，层数为 7，间距为 700mm，如图 11-30（a）所示。

　　（17）将 U36 型钢路径上确定的 U36 卡揽、限位器和拉杆【移动】到已经阵列好的 U36 型钢上，切换为【真实】视觉样式，如图 11-30（b）~（f）所示。

　　（18）保存文件"U36 型钢支架组装效果图.dwg"。在各个操作步骤中也要随时注意保存，养成作图好习惯。

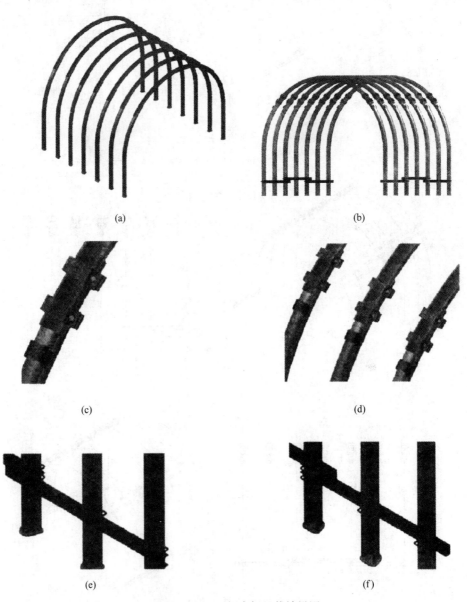

图 11-30　U36 型钢支架组装效果图

11.2 矿用锚索及附件

11.2.1 审图

矿用锚索是由钢绞线按一定长度截断加工而成的。矿用锚索的公称直径有 15.24mm、17.8mm、18.6mm、21.6mm、21.8mm、28.6mm，分为 1×7 股和 1×19 股，长度一般有 6300mm、8300mm 等。实例中钢绞线为 1×7 股、公称直径 17.8mm。锚具为 SKM18P-1/1860，为了简便起见忽略锚具夹片内的刻痕和夹片外的 2 圈箍丝（起到固定夹片的作用）。锚索托盘采用受力更合理的碟形托盘配合球形垫圈，以防止锚索偏载被剪断。如图 11-31 所示。

图 11-31 矿用锚索组装效果图

11.2.2 分项绘制

矿用锚索主要分 5 部分来绘制：（1）钢绞线；（2）锚索锁具；（3）球形垫圈；（4）碟形托盘；（5）组装。

矿用锚索各部分尺寸如图 11-32~图 11-36 所示。

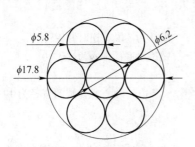

图 11-32 钢绞线断面

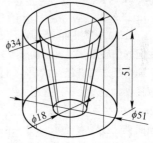

图 11-33 锚筒尺寸

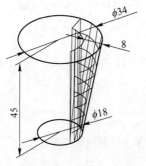

图 11-34 夹片尺寸

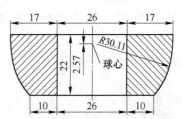

图 11-35 60 型万向调心球垫剖面图

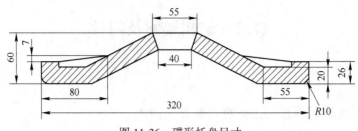

图 11-36　碟形托盘尺寸

11.2.2.1　钢绞丝绘制

绘制思路：绘制中丝；绘制边丝。绘制边丝时，以一条螺旋线作为【扫掠】路径，扫掠出一条边丝；然后以此边丝【环形阵列】出其他边丝。

(1) 建立新文件。新建文件命名为"17.8mm 钢绞线 .dwg"，并保存。

(2) 使用【西南等轴测】视图。

(3) 绘制钢绞线中丝。中丝直径为 6.2mm，其尺寸如图 11-32 所示。

命令：cylinder
指定底面的中心点：0，0，0↵   //坐标轴原点
指定底面半径或［直径 (D)］：d↵
指定直径：6.2↵   //中丝直径为 6.2mm
指定高度或［两点 (2P)/轴端点 (A)］：6300↵   //锚索长度为 6300mm

(4) 绘制钢绞线边丝。边丝直径为 5.8mm，其尺寸如图 11-32 所示。

1)【螺旋线】。

命令：helix
圈数 =3.0000　　扭曲 =CCW   //默认为 3 圈、逆时针旋转
指定底面的中心点：0，0，0↵   //螺旋线底面中心为 (0，0，0)
指定底面半径或［直径 (D)］：d↵
指定直径：12↵   //6 条边丝圆心所在圆的直径为 17.8mm-
5.8mm=12mm
指定顶面半径或［直径 (D)］<6>：↵
指定螺旋高度或［轴端点 (A)/圈数 (T)/圈高 (H)/扭曲 (W)］：h↵   //圈高即螺距 =14
倍钢绞线
指定圈间距：250↵   //直径 14×17.8mm≈250mm
指定螺旋高度或［轴端点 (A)/圈数 (T)/圈高 (H)/扭曲 (W)］：6300↵
//锚索长度为 6300mm

单击绘图区左上角的【视觉样式控件】，选择【概念】视觉样式，如图 11-37 (a) 所示。

绘制边丝断面，进行【面域】处理，准备【扫掠】。

命令：_ circle
指定圆的圆心：↙   //单击螺旋线底部端点
指定圆的半径或［直径 (D)］：d↵
指定圆的直径：5.8 ↵   //边丝直径为 5.8mm

如图 11-37 (b) 所示。

2)【扫掠】。

命令：_ sweep

选择要扫掠的对象：✓　　　　　　　　　　　　　　　　//选定圆面域

选择扫掠路径或［对齐（A）/基点（B）/比例（S）/扭曲（T）］：✓　　//选定螺旋线

如图 11-37（c）所示。

3)【环形阵列】。其中心点为（0，0，0），出现【阵列创建】对话框进行设置，如图 11-38 所示。阵列后如图 11-37（d）所示。

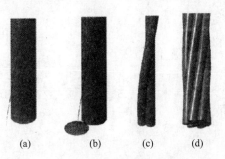

图 11-37　钢绞线绘制步骤

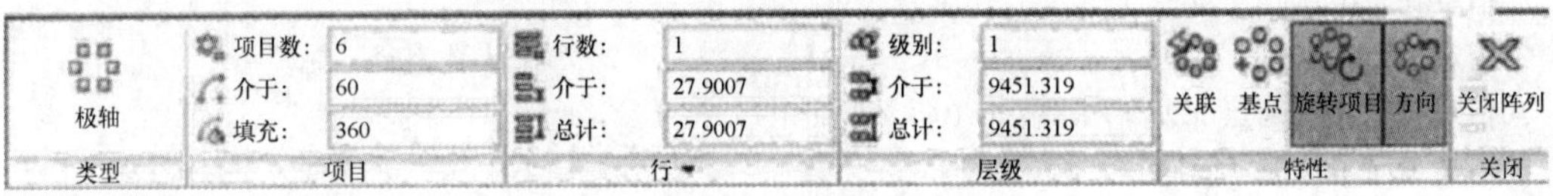

极轴	项目数：	6	行数：	1	级别：	1	关联	基点	旋转项目	方向	关闭阵列
	介于：	60	介于：	27.9007	介于：	9451.319					
	填充：	360	总计：	27.9007	总计：	9451.319					
类型	项目		行 ▼		层级		特性				关闭

图 11-38　【阵列创建】对话框

（5）【并集】处理。将中丝和边丝【并集】成一个整体。

（6）【渲染】。选择【菜单栏】→【渲染】→【材质浏览器】，将相应的材质用鼠标左键拖动到需要渲染的部件上。实例中材质选择【镀锌】。类型：常规，类别：钢，如图 11-39 所示。当然还可以选择其他材质，亦可以打开相应的【材质编辑器】修改各个参数。限于篇幅，此处不再赘述。【渲染】完成后，如图 11-40 所示。

图 11-39　【材质浏览器】对话框

图 11-40　【渲染】后

（7）保存文件"17.8mm 钢绞线 .dwg"。在绘图各个步骤中也要注意随时保存，养成绘图好习惯。

11.2.2.2　锚索锁具

锚索锁具应与锚索的直径相配套，实例中 SKM18P-1/1860 锚具与 17.8mm 钢绞线配合使用。

　　绘制思路：绘制锚筒；绘制夹片。绘制锚筒时，使用【差集】生成锥形孔。绘制夹片时，通过【旋转】出一块，然后【环形阵列】出其他两块。忽略夹片的刻痕和箍丝。

　　（1）建立新文件。新建文件命名为"SKM18P-1 锚索锁具.dwg"，并保存。

　　（2）切换为【西南等轴测】视图。

　　（3）绘制锚具锚筒。直径×高为 51mm×51mm，锥形孔大孔直径为 34mm，小孔直径为 18mm，如图 11-33 所示。

　　1)【圆柱体】。

命令：_ cylinder
指定底面的中心点：0, 0, 0↵　　　　　　　　　　　　//坐标轴原点
指定底面半径或 [直径 (D)]：d↵
指定直径：51↵　　　　　　　　　　　　　　　　　//直径为 51mm
指定高度或 [两点 (2P)/轴端点 (A)]：51↵　　　　　//高为 51mm

　　如图 11-41（a）所示。

　　2)【圆锥体】。

命令：_ cone
指定底面的中心点：0, 0, 0↵　　　　　　　　　　　　//坐标轴原点
指定底面半径或 [直径 (D)]：d↵
指定直径：18↵　　　　　　　　　　　　　　　　　//等于小孔直径
指定高度或 [两点 (2P)/轴端点 (A)/顶面半径 (T)]：t↵
指定顶面半径或 [直径 (D)]：d↵
指定直径：34↵　　　　　　　　　　　　　　　　　//等于大孔直径
指定高度或 [两点 (2P)/轴端点 (A)]：51↵　　　　　//等于锚筒高度

　　如图 11-41（b）所示。

　　3)【差集】除去锥形体，如图 11-41（c）所示。

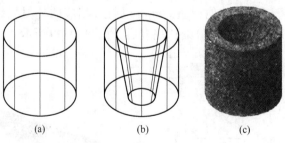

　　　　　　　　(a)　　　　　　　　　(b)　　　　　　　　　(c)

图 11-41　锚筒绘制步骤

　　（4）绘制锚具夹片。夹片数为 3，每片对应弧度为 120°。

　　1）作一条辅助线，竖直向下。以辅助线上端点为圆心作一个直径为 34mm 的辅助圆，然后根据图 11-42（a）所示尺寸绘制夹片断面，进行【面域】处理，准备【旋转】。

　　2)【旋转】。

命令：_ revolve
选择要旋转的对象：↙　　　　　　　　　　　　　　//单击三角形面域
指定轴起点：↙　　　　　　　　　　　　　　　　　//单击辅助线上端点
指定轴端点：↙　　　　　　　　　　　　　　　　　//单击辅助线下端点

指定旋转角度：120 或-120↵   //旋转角度120°

旋转后如图 11-42（b）所示。

3）【环形阵列】。其中心点为辅助线上端点，项目数为 3，阵列后如图 11-42（c）所示。

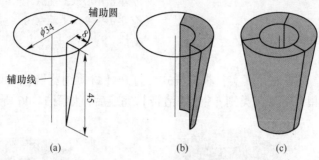

图 11-42 夹片绘制步骤

（5）【移动】夹片进入锥形孔。

命令：_ 3dmove

选择对象：↙   //选定三块夹片

指定基点：↙   //单击辅助线上端点

指定第二个点：↙   //单击锚筒圆柱顶面圆心

如图 11-43 所示。

（6）【并集】处理。将锚筒和夹片【并集】成一个整体。

（7）【渲染】。切换为【真实】视觉样式，打开【材质浏览器】对话框，实例中材质选择【镀锌】，类型：常规，类别：钢。【渲染】完成后，如图 11-44 所示。

（8）保存文件"SKM18P-1 锚索锁具 .dwg"。在绘图各个步骤中也要注意随时保存，养成绘图好习惯。

图 11-43 锚具组装步骤

图 11-44 【渲染】后

11.2.2.3 球形垫圈

垫圈为 60 型万向调心球垫，具体尺寸如图 11-35 所示。

绘制思路：先绘制出一半剖面，然后【旋转】360°。

（1）建立新文件。新建文件命名为"球形垫圈 .dwg"，并保存。

（2）切换为【前视】视图。

（3）根据图 11-45 所示尺寸，绘制球形垫圈一半剖面，进行【面域】处理，如图 11-

45（a）所示。

（4）【旋转】。

命令：revolve

选择要旋转的对象：✓   //单击剖面面域

指定轴起点：✓   //单击中心线上端点

指定轴端点：✓   //单击中心线下端点

指定旋转角度：360↵

如图 11-45（b）所示。

（5）【渲染】。切换为【真实】视觉样式，打开【材质浏览器】对话框，实例中材质选择【镀锌】，类型：常规，类别：钢。【渲染】完成后，如图 11-46 所示。

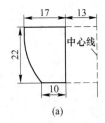
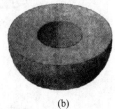

图 11-45　球形垫圈绘制步骤

图 11-46　【渲染】后

（6）保存文件"球形垫圈 .dwg"。在绘图各个步骤中也要注意随时保存，养成绘图好习惯。

11.2.2.4　碟形托盘

实例中的矿用锚索采用受力更合理的碟形托盘，具体尺寸如图 11-36 所示。

绘制思路：先绘制出一半剖面，然后【旋转】360°；类似于球形垫圈的绘制，只是剖面发生了变化。

（1）建立新文件。新建文件命名为"碟形托盘 .dwg"，并保存。

（2）切换为【前视】视图。

（3）绘制碟形托盘一半剖面，其尺寸如图 11-36 所示。对图 11-47（a）中的 1、3 进行【面域】处理，准备【旋转】1 和【拉伸】3。1 和 3 的共用边界需要绘制两次。

（4）对 3 进行【拉伸】、【三维镜像】及【并集】。

1）【拉伸】。

命令：extrude

选择要拉伸的对象：✓   //单击面域 3

指定拉伸的高度或 [方向（D）/路径（P）/倾斜角（T）/表达式（E）]：10↵

//3 的半宽 10mm

如图 11-47（b）所示。

2）【三维镜像】。镜像面为剖面，如图 11-47（c）所示。

3）【并集】。使对称的 3 成为整体，切换为【概念】视觉样式。如图 14-17（d）所示。

（5）对 1 进行【旋转】。

命令：revolve
选择要旋转的对象：↙　　　　　　　　//单击面域1
指定轴起点：↙　　　　　　　　　　//单击中心线上端点
指定轴端点：↙　　　　　　　　　　//单击中心线下端点
指定旋转角度：360↙

如图 11-47（e）所示。

（6）对 3 进行【环形阵列】。【环形阵列】的中心点为中心线上端点，项目数为 8，阵列后如图 11-47（f）所示。

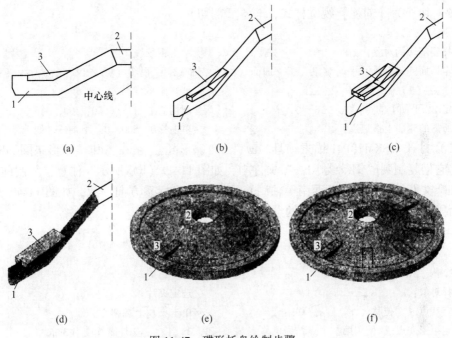

图 11-47　碟形托盘绘制步骤

（7）【并集】处理，将 1 和 3【并集】成一个整体。

（8）【渲染】。切换为【真实】视觉样式，打开【材质浏览器】对话框，实例中材质选择【镀锌】，类型：常规，类别：钢。【渲染】完成后，如图 11-48 所示。

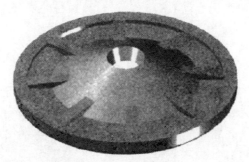

图 11-48　【渲染】后

（9）保存文件"碟形托盘.dwg"。在绘图各个步骤中也要注意随时保存，养成绘图好习惯。

11.2.2.5　实体对象组装

绘制思路：要把这些分项部件组装在一起，需要有统一的参照。绘制一条辅助线段，通过部件之间的尺寸确定线段长度，然后通过【三维移动】将各部件移动到相应的位置。

为了使视觉效果明显，只需要从钢绞线中【剖切】出一段 500mm 长即可。巷道支护中锚索外露 150~200mm，实例中为 180mm。锚具的夹片考虑到预应力不低于 60~80kN 的要求，夹片需要外露 3mm。

（1）打开"钢绞线 . dwg"文件。

（2）切换为【前视】视觉样式，准备【剖切】。

命令：_ slice

选择要剖切的对象：✓　　　　　　　　　　　　//单击钢绞线

指定切面的起点或 [平面对象 (O)/曲面 (S)/Z 轴 (Z)/视图 (V)/XY (XY)/YZ (YZ)/ZX (Zx)/三点 (3)] <三点>：zx ↵　　　　　//剖切面平行于 ZX 面

指定 ZX 平面上的点：0, 500, 0.↵　　　　　//剖切面上的一点 (0, 500, 0)

在所需的侧面上指定点：✓　　　　　　　　　　//单击 (0, 500, 0) 下端任一处

（3）打开"SKM18P-1 锚索锁具 . dwg"、"碟形托盘 . dwg"和"球形垫圈 . dwg"文件，将它们复制到"钢绞线 . dwg"文件中，如图 11-49 (b) 所示。注意：复制前，要保证这四个文件的视图都是【西南等轴测】视图，且坐标系方向一致，如图 11-49 (a) 所示；否则会出现各部件相互之间的空间位置不利于组装。

（4）组装。

1）锚具的夹片外露 3mm。

命令：_ 3dmove

选择对象：✓　　　　　　　　　　　　　　　　//选定夹片

指定基点或 [位移 (D)] <位移>：✓　　　　　//单击夹片上端圆心

指定第二个点或<使用第一个点作为位移>：@ 0, 0, 3.↵　　　//外露长度为 3mm

如图 11-49 (c) 所示。

2）作辅助线。作辅助线 ABCD，如图 11-49 (d) 所示。辅助线的长度是基于各部件的相对位置确定的，15mm 为球形垫圈与碟形托盘间距，如图 11-49 (e) 所示；54mm 为锚具夹片外露 3mm 后的总高度；180mm 为锚索外露长度。

3）【三维移动】。

①移动锚具。

命令：_ 3dmove

选择对象：✓　　　　　　　　　　　　　　　　//选定锚具

指定基点或 [位移 (D)] <位移>：✓　　　　　//单击夹片上端圆心

指定第二个点或<使用第一个点作为位移>：✓　　//单击 B 点

②移动球形垫圈。

命令：_ 3dmove

选择对象：✓　　　　　　　　　　　　　　　　//选定球形垫圈

指定基点或 [位移 (D)] <位移>：✓　　　　　//单击垫圈上端圆心

指定第二个点或<使用第一个点作为位移>：✓　　//单击 C 点

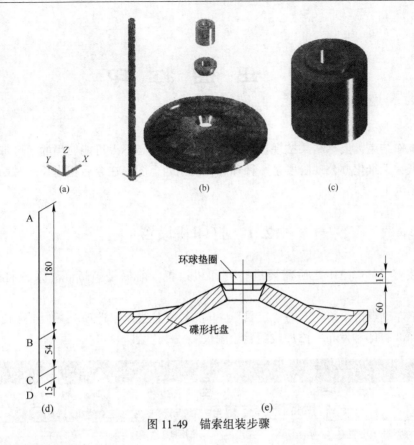

图 11-49　锚索组装步骤

③移动碟形托盘。

命令：_ 3dmove

选择对象：✔　　　　　　　　　　　　　//选定碟形托盘

指定基点或［位移（D）］<位移>：✔　　　//单击托盘上端孔口圆心

指定第二个点或<使用第一个点作为位移>：✔　//单击 D 点

④移动钢绞线。

命令：_ 3dnlove

选择对象：✔　　　　　　　　　　　　　//选定钢绞线

指定基点或［位移（D）］<位移>：✔　　　//单击钢绞线上端中丝圆心

指定第二个点或<使用第一个点作为位移>：✔　//单击 A 点

调整视图，切换为【真实】视觉样式，如图 11-50 所示。

（5）另存为"锚索组装效果图 . dwg"。在绘图各个步骤中也要注意随时保存，养成绘图好习惯。

图 11-50　三维锚索组装后

12 出 图 打 印

绘图工作结束，最终结果按现在技术条件拿到现场是不太可能使用的，可带到现场的仍然是图纸，无纸化办公现阶段是一种理想化的东西，图形在今后相当长的时期内最终还要打印到图纸上。

12.1 打印机设置

在安装好 Auto CAD 之后需要进行打印机设置，前提是 Windows 系统打印机正常安装。

用鼠标左键点击菜单栏上的"工具"，下拉菜单上选择"选项"，弹出图 12-1 所示对话框，选择"打印和发布—添加或配置绘图仪"。

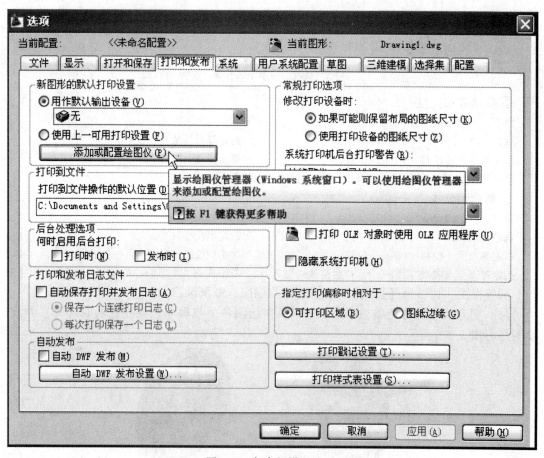

图 12-1　打印机设置选项

　　下面打开的不是 CAD 界面，而是 Windows 文件夹，如图 12-2 所示，双击"添加绘图仪向导"，出现一个绘图仪简介对话框（不同的 CAD 版本会不一样），如图 12-3 所示，直接选下一步，如图 12-4 所示。

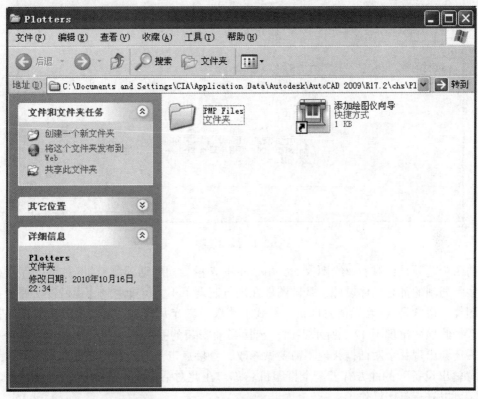

图 12-2　绘图仪添加

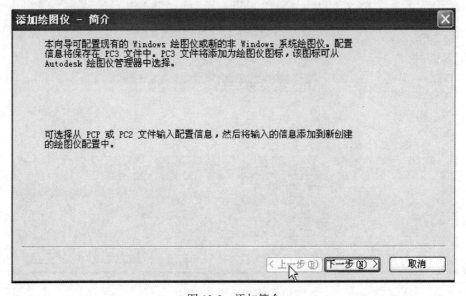

图 12-3　添加简介

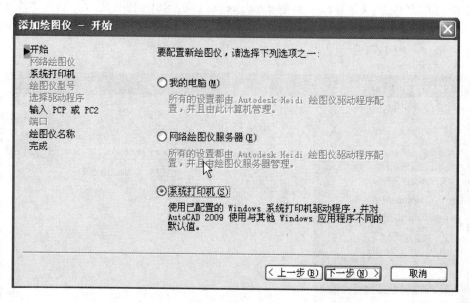

图 12-4　添加选项

　　前两个选项是针对专业绘图仪的，由 Autodesk 的专门驱动程序 Heidi 控制打印，矿山工作实际遇到的都是单体设计，基础图件在现行制度下不太可能遇到，也就没必要配备专业绘图仪，通常是 A3 幅面的打印机，针式、喷墨、激光几种。可用的选项只有系统打印机，选择此项后出现图 12-5 所示界面，选择当前安装的系统打印机，本例中是 EPSON。选择后还会出现几个对话框，但不需要做修改，直接点击下一步直到对话框出现，这一次注意"输出设备"的地方有了一个打印机名称，在此对话框上点击确定就完成了打印机设置，可以进行打印操作了。

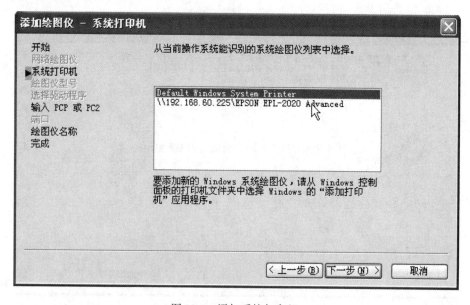

图 12-5　添加系统打印机

12.2 打印过程

在绘图比例一节中讲过按 1∶1 比例绘图，CAD 默认绘图单位是 mm，但我们将 m 按 mm 使用，即实际是多少 m 就输入多少 m，真要输入 mm 就得加小数点。此前提下的 1∶1 是建立在单位是 m 的条件下的，对 CAD 而言实际使用的是 1∶1000 的比例绘图。

打开绘制过的三心拱（见图 7-46），点击菜单栏上的"文件"，在下拉菜单中选择"打印"，结果如图 12-6 所示，注意上面的黑框，共有 7 处打印时需要作调整。

（1）选择打印机。头一次打印当前图形时此处为空白，需要选择打印机，点击旁边的下向箭头，选择安装好的打印机，注意不要选 .pc3 的打印机。下次再打印时此处不需调整，但换了打印机就会弹出对话框，不用理会，关闭后根据需要按步骤（1）～（7）调整下打印机即可。

（2）选择纸型。根据打印机能力、需要、可提供纸型决定，一般是 A3 和 A4。

（3）打印范围。点击旁边的箭头选择窗口，当前对话框消失，回到绘图区，光标变成十字，这一步如同画矩形，图 7-46 的外框就是所需，先点击一个角点，然后点击它的对角点，就完成了窗口选择，又回到图 12-6 所示对话框，此处变成了窗口。其他选择项不常用。

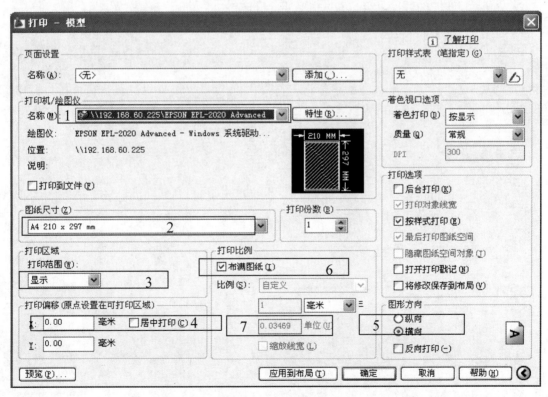

图 12-6　打印选项

（4）居中打印。打印结果不应歪向一侧，选中居中打印，同时对话框中的黑色指示区域也发生变化。

（5）打印方向。要打印的图形在纵向上比横向上长，就选择纵向，反之选横向。本例中选择纵向。

（6）布满图纸。按可能的打印区域装满，但比例不是标准的，图 12-6 中的打印比例是 1∶34.69，不科学，但此数值可以提示要打印的图形在当前纸上能以多大比例容纳下。将 0.03469 向增大的方向取整到常用比例值，如 0.04，为下一步调整做准备，此处的选项应该取消。

（7）自定义比例。此项是最难理解的地方，CAD 有现成的比例应用，但不适合我们使用，因此要使用自定义比例，这是打印设置的核心，上一步中 0.03469 所代表的打印比例是 1∶34.69，即将想要的 1∶X 比例的 X 除以 1000 所得的值填入此处即可，如 1∶200，就填入 0.2。若在此输入 0.04，则表示打印比例为 1∶40。

到此全部打印设置完成了，点击预览功能块，出现一个模拟的打印图纸，如对哪些地方不满意可在上面点击鼠标右键，选择取消后回到图 12-6 对话框，或按"Esc"键也可。如果满意就可以在图 12-6 中点击确定，这时出现一个打印状态对话框，主要是提示正在发送到绘图仪，等待片刻就完成了打印，打印完成后可以用格尺验证一下打印比例的准确性。

参 考 文 献

［1］陶昆，姬婧. 矿图［M］. 徐州：中国矿业大学出版社，2004.

［2］毛加宁，金光. 矿图［M］. 徐州：中国矿业大学出版社，2011.

［3］林在康，燕雪峰. 采矿 CAD 软件包体系模型［J］. 中国矿业大学学报，2000，29（1）.

［4］邹光华，吴健斌. 矿图 CAD［M］. 北京：煤炭工业出版社，2011.

［5］张大明. 矿图［M］. 北京：冶金工业出版社，2013.

［6］刘俊荷. 矿图［M］. 北京：煤炭工业出版社，2008.

［7］王玉琨. 矿图 CAD 开发技术［M］. 徐州：中国矿业大学出版社，2002.

［8］邵安林，孙豁然，刘晓军，等. 我国采矿 CAD 开发存在的问题与对策［J］. 金属矿山，2004（2）.

［9］张萍萍. 煤矿地质与矿图［M］. 徐州：中国矿业大学出版社，2011.

［10］陈国山. 金属矿地下开采［M］. 2 版. 北京：冶金工业出版社，2015.

［11］陈国山. 地下采矿设计项目化教程［M］. 北京：冶金工业出版社，2015.

冶金工业出版社部分图书推荐

书　名	作　者	定价(元)
冶金专业英语（第3版）	侯向东	49.00
电弧炉炼钢生产（第2版）	董中奇　王　杨　张保玉	49.00
转炉炼钢操作与控制（第2版）	李　荣　史学红	58.00
金属塑性变形技术应用	孙　颖　张慧云　郑留伟　赵晓青	49.00
自动检测和过程控制（第5版）	刘玉长　黄学章　宋彦坡	59.00
新编金工实习（数字资源版）	韦健毫	36.00
化学分析技术（第2版）	乔仙蓉	46.00
冶金工程专业英语	孙立根	36.00
连铸设计原理	孙立根	39.00
金属塑性成形理论（第2版）	徐　春　阳　辉　张　弛	49.00
金属压力加工原理（第2版）	魏立群	48.00
现代冶金工艺学——有色金属冶金卷	王兆文　谢　锋	68.00
有色金属冶金实验	王　伟　谢　锋	28.00
轧钢生产典型案例——热轧与冷轧带钢生产	杨卫东	39.00
Introduction of Metallurgy 冶金概论	宫　娜	59.00
The Technology of Secondary Refining 炉外精炼技术	张志超	56.00
Steelmaking Technology 炼钢生产技术	李秀娟	49.00
Continuous Casting Technology 连铸生产技术	于万松	58.00
CNC Machining Technology 数控加工技术	王晓霞	59.00
烧结生产与操作	刘燕霞　冯二莲	48.00
钢铁厂实用安全技术	吕国成　包丽明	43.00
炉外精炼技术（第2版）	张士宪　赵晓萍　关　昕	56.00
湿法冶金设备	黄　卉　张凤霞	31.00
炼钢设备维护（第2版）	时彦林	39.00
炼钢生产技术	韩立浩　黄伟青　李跃华	42.00
轧钢加热技术	戚翠芬　张树海　张志旺	48.00
金属矿地下开采（第3版）	陈国山　刘洪学	59.00
矿山地质技术（第2版）	刘洪学　陈国山	59.00
智能生产线技术及应用	尹凌鹏　刘俊杰　李雨健	49.00
机械制图	孙如军　李　泽　孙　莉　张维友	49.00
SolidWorks 实用教程30例	陈智琴	29.00
机械工程安装与管理——BIM技术应用	邓祥伟　张德操	39.00
化工设计课程设计	郭文瑶　朱　晟	39.00
化工原理实验	辛志玲　朱　晟　张　萍	33.00
能源化工专业生产实习教程	张　萍　辛志玲　朱　晟	46.00
物理性污染控制实验	张　庆	29.00
现代企业管理（第3版）	李　鹰　李宗妮	49.00